60款简单的动物造型室内鞋钩织

〔加〕艾拉·罗特　著
舒舒　译

河南科学技术出版社
·郑州·

前　言

当我还是个小女孩的时候，我的母亲和祖母总是用她们亲手制作的拖鞋和袜子来宠爱我。有时我会觉得时间过得非常快，但是这些珍贵的记忆和带着爱的手工制品从未在我心中褪色。受此启发，我写了一本钩针编织图书，制作可爱又舒适的室内鞋，为人们带来微笑、快乐和幸福。

本书包含20个有趣的动物主题，这些动物多种多样，包括我们最棒的宠物——猫和狗。

每一款动物设计都可以创造出不同的造型，因为我们有不同类型的鞋子可以搭配——包跟鞋、靴子或拖鞋。此外还提供了一款鞋头向上钩的基础型鞋子，你可以利用这款鞋子来完成入门级的动物设计。发挥你的创意，将本书中的所有设计元素混合搭配，你甚至可以创作出60款可爱的动物鞋！

所有的教程都包含不同尺寸的说明，涵盖儿童鞋小码（4岁以上）至成人鞋大码。愿你能享受制作鞋子的过程，给你的朋友、家人，当然了，还给你自己带来快乐。

无论你是一名钩编新手，还是拥有多年钩编经验的老手，都可以在书中找到适合自己水平的作品。不要为迈出自己的舒适区去尝试新技法而担心，钩编是一项快乐而简单的技艺，做你自己，快乐创作！

艾拉·罗特

目录

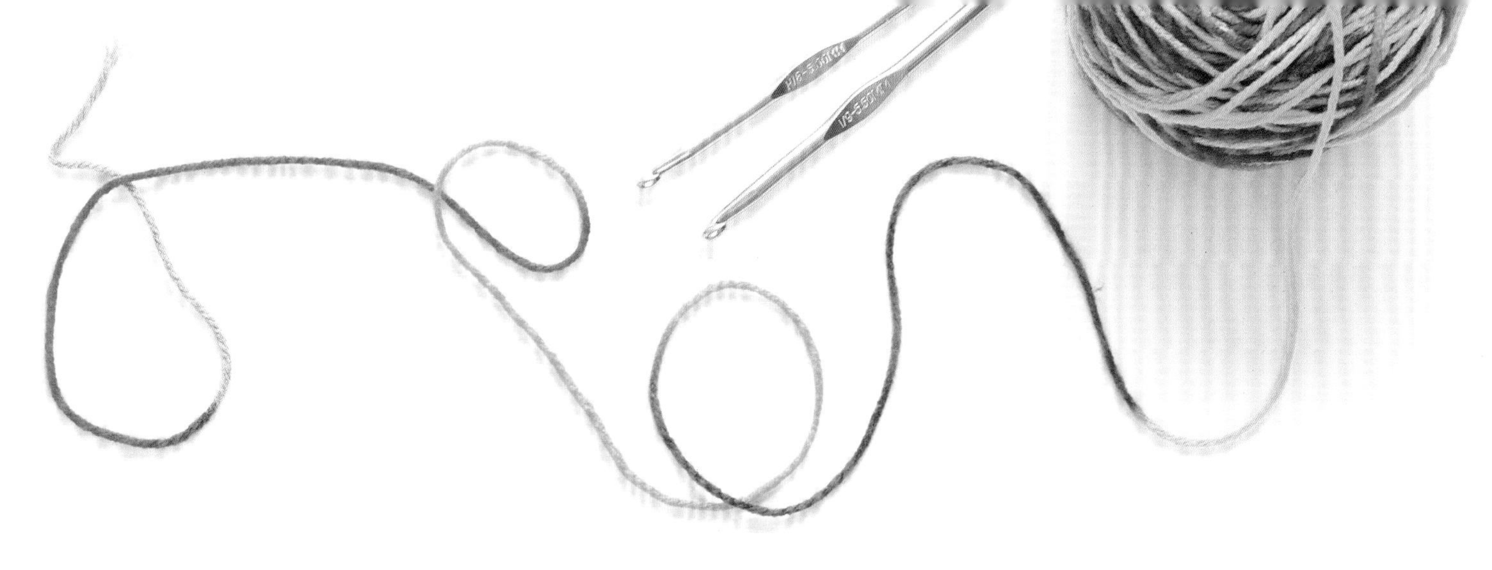

如何使用本书

难度指数

本书的每个教程都会根据作品创作所需的钩编针法和技法来设定难度水平——入门（1个●）、轻松（2个●）和中等（3个●）。选择一款难度指数适合自己的作品，当你适应这种难度类型的作品后，就可以尝试下一阶段的难度。

●○○○

入门：对于钩编新手来说最适合的选择。这些作品的制作包含基础的钩编针法和技法，加减针较少，多数是简单的重复和轻松的部件组合。

●●○○

轻松：这些作品的针法较为基础，部件组合比较简单，同时又增加了一些独特却易学的针法，例如外/内钩长针、逆短针和狗牙针。简单的重复，在括号里包含多尺寸的指引。

●●●○

中等：在这些作品中，你会发现一些具有挑战性的针法和技法，例如圈圈针、爆米花针和引返编织，局部的部件组合也会更具挑战性。

尺寸

我们在本书中提供六个尺寸，涵盖儿童鞋小码（4岁以上）到成人鞋大码。由脚长和脚宽来分尺码（参阅第9页尺寸表）。

不同尺码的针数从左向右表示为：小码（中码，大码）。例如：锁针8（10，12）的意思是小码编织8针锁针，中码编织10针锁针，大码编织12针锁针。如果教程中只提供了一个针数，意味着这个针数适合所有的尺码。

密度

密度是指10厘米×10厘米单位面积内的针数和圈数，这将决定你的鞋子成品的尺寸。由于每个人钩编的密度不尽相同，为使成品尺寸准确，测试并调整至规定的密度非常重要。若你钩编得太紧，钩出来的鞋子会偏小；若你钩编得太松，钩出来的鞋子会偏大。

测试密度，可通过环形钩编制作一个筒状的样品，然后测量每10厘米×10厘米有多少针和多少圈。必要时可换一根更粗或更细的钩针来调整编织密度。如果宽度和高度同时需要调整，优先考虑宽度合适。

阅读教程

- 片钩：表示按照教程的针数钩一行，然后将作品翻面来开始下一行。教程里将明示哪一行为正面及反面，这个补充信息是有用或重要的。
- 圈钩：表示作品以魔术环/基础环起针，或在基础锁针行的两侧都进行钩编。编织时始终看着作品的正面，每一圈都向圈首第1针的顶部做引拔连接（参阅第119页钩编技法）。
- 螺旋圈钩：表示作品使用魔术环/基础环起针，或在基础锁针行的两侧都进行钩编。编织时始终看着作品的正面，每一圈的第1针从前一圈的第1针钩出来，不做引拔连接。这将使你的作品产生一种连续不中断的螺旋生长的形状。
- 每一行/圈的终点处的等于号（=）会指明针数总数。第1针锁针可计为1针或者不计，取决于行/圈首的小提示。一些指引可能适用于若干行/圈。例如：1针锁针（这一行及接下来的所有行都不计为1针）。

阅读图解

钩编教程是以图解的形式讲述的，使用特别的符号来代表针目，这将帮助你更直观地理解教程。图解的编织起点会用一个黑色的箭头来标记。每一行/圈会用不同的颜色来标记行/圈数。为了更好地理解图解，请参考图解中的符号解释（参阅第117页缩略语）。是否使用图解取决于你自己。你可以选择根据图解或文字解说来编织，或两者都使用。本书展示的图解是为惯用右手钩编的人绘制的，图解展示的是正面的视角。一些图解的编织起点或终点可能出现在反面。

重要提示

在尝试中等难度的作品之前，先尝试一件难度较低的作品。
如果你是一位惯用左手的钩编爱好者，我也会提供一些小窍门（参阅第125页左手钩编）。
开始编织作品前，请确保你对钩编的针法熟悉（参阅第117页缩略语）。
如果你是一位钩编新手，请从一个入门级的教程开始。例如，制作一双鞋头向上钩的基础鞋子（见第112页附加教程），并使用一个入门级的动物造型来完成这双鞋。

工具和材料

钩针针号对照表

直径	美国（字母）	美国（数字）	加拿大/英国
3.5毫米	E	4	9
3.75毫米	F	5	9/8
4.25毫米	G	6	8
5毫米	H	8	6
5.5毫米	I	9	5

注意：
若没有直径4.25毫米的钩针，则使用直径4.5毫米的钩针（美国7号/加拿大及英国7号）。

线材

编织本书的任何作品时，使用单股的中粗型纱线（4号粗）。你也可以将2根超细袜子线（1号粗）来合股，请测试密度以确保密度合适。毛线的粗细每个国家的标准可能都不一样。使用下方的转换表格，以便在你所在地区找到合适的毛线。

美国	英国	澳大利亚	每100克线长（米）	其他名称	本书中的中文叫法
Super Fine（1）	4 ply	4 ply	300~400	Fingering/Sock	细线
Medium（4）	Aran	10 ply	150~200	Worsted	中粗线

本书中作品是使用Bernat Super Value–100%优质腈纶线来设计和测试的。我们也使用了一些不同毛线作为替代品。关于如何为你的作品选择最优毛线，这里有几个小窍门：

- 腈纶线：100%优质腈纶线是不同鞋子的最优选择。耐用，容易护理，像毛线，质地有弹性。这种类型的线钩起来是最轻松的。
- 羊毛线：100%羊毛线或者羊毛和尼龙的混纺线，适合用于弹性大的包跟鞋和靴子。这种天然纤维温暖、透气，钩出来的作品形状挺括。但是对于拖鞋来说，最好避免用羊毛线来制作，因为穿起来会偏小，而且容易滑动。
- 棉线：100%棉线是拖鞋的理想用线。成品非常耐穿、容易护理，透气性强。然而，棉线会拉长且无法回弹，对于拖鞋来说可以增加点宽松的感觉，但是对于包跟鞋和靴子来说就不太合适，因为它们没那么贴脚。

补充工具和材料

- 记号扣：用于标记针目，表示一行/圈的起点。
- 毛线缝针：用于缝合和藏线头。
- 缝衣针和缝线：用于钉纽扣。
- 填充棉：某些作品需要。
- 网状的防滑垫：用于制作防滑鞋底。
- 纽扣：充当眼睛，有直径10毫米、15毫米、20毫米等不同尺寸。
- 手工毛毡：在某些作品中用于衬托眼睛。
- 布用胶水：某些作品需要。
- 直珠针：用于钉住某些部件。
- 尖剪刀：用于断线和收尾。

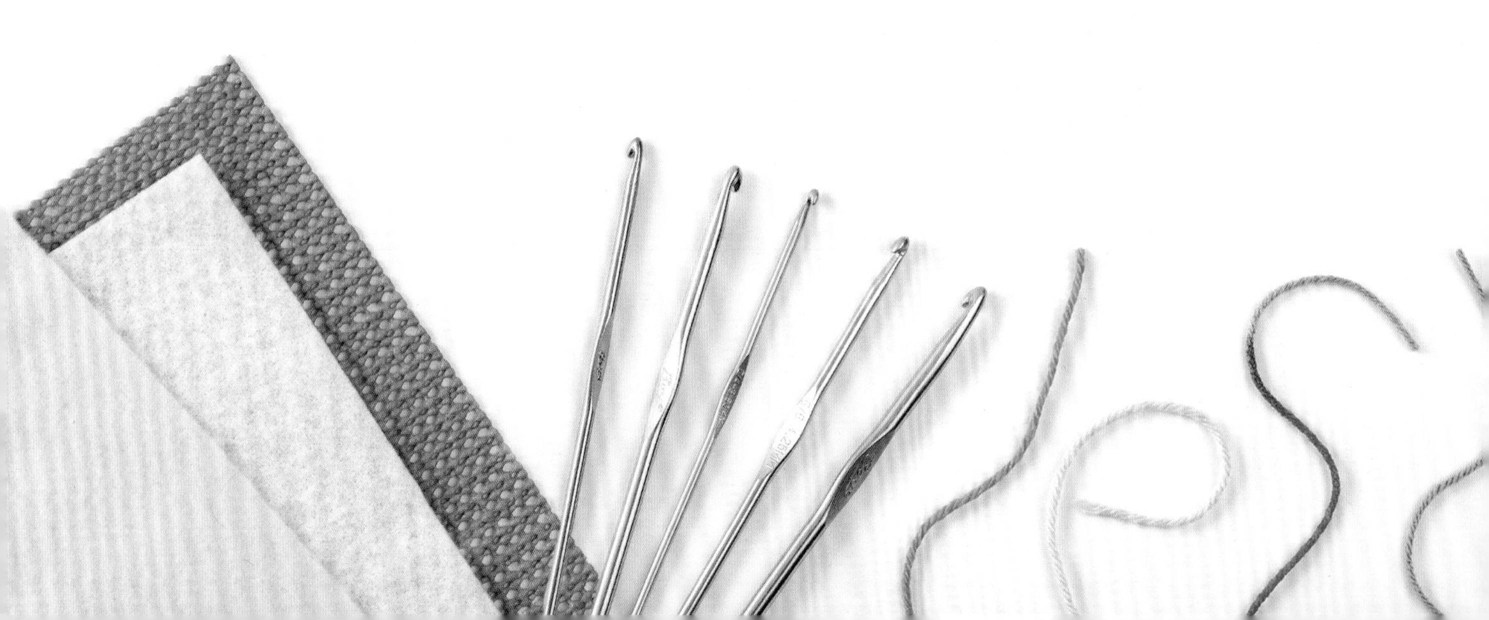

尺寸表

鞋码是基于脚长和脚宽来决定的。如果脚比对应的鞋码尺寸宽，可以使用一根更粗的钩针来钩鞋子的上半部分。

尺寸		脚长	脚宽
儿童	小码（S）	16~18厘米	9厘米以内
	中码（M）	18~19.5厘米	
	大码（L）	19.5~21.5厘米	
成人	小码（S）	20~23厘米	10厘米以内
	中码（M）	23~25.5厘米	
	大码（L）	25.5~28厘米	

如何测量脚

- 光脚或穿着薄袜子，站在地板上。使用卷尺/直尺测量。
- 脚长：从脚跟中间量至最长的脚趾。
- 脚宽：横着测量脚掌最宽处。

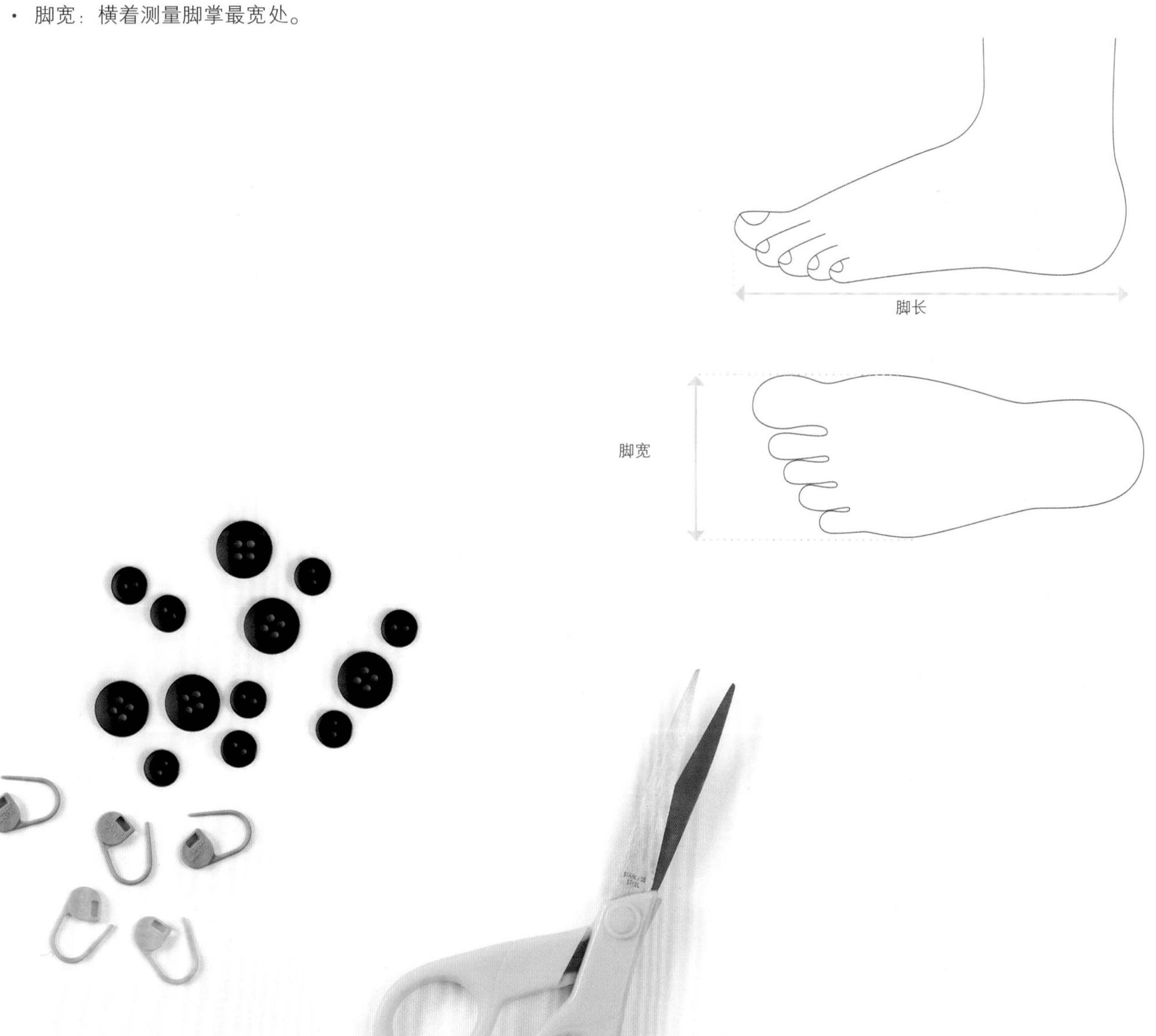

制作室内鞋

制作鞋子

选择一款喜欢的鞋型，然后开始动物造型的室内鞋编织之旅吧。结合不同的鞋型（包跟鞋、靴子、拖鞋），每一款动物造型都可以创作多达三种不同的形状。如果你是钩编新手，从第112页附加教程中那款基础的鞋头向上钩的鞋子开始，会更简单（参阅第114页其他构想）。

包跟鞋

包跟鞋是指包裹住脚跟的室内鞋。

包跟鞋可伸展开来紧紧地包裹住脚。为这种鞋型挑选纱线时，要选择弹性较大、有羊毛质地的线。最好的选择是高品质的腈纶线或结实又耐用的羊毛线。避免选择棉线，因为棉线的包跟鞋会变得松垮导致不再贴脚（参阅第8页工具和材料）。

靴子

靴子是指带有靴口翻边的室内鞋。

靴子与包跟鞋的编织方法一样，但是增加了元素——靴口的翻边。跟包跟鞋一样，这种鞋型是为贴脚而设计的，所以推荐的线材跟包跟鞋一样。

拖鞋

拖鞋是指后部没有鞋帮的室内鞋。

为了穿上去更舒服和宽松，拖鞋要比包跟鞋和靴子更松。这种鞋子的宽松是通过使用粗的钩针钩鞋底和鞋帮实现的。使用高品质的腈纶线或棉线，可使成品效果最佳（参阅第8页工具和材料）。

概述

制作鞋子时，请根据以下步骤进行：①鞋面，②双层鞋底，③包跟鞋、靴子或拖鞋的鞋帮。

三种鞋子的鞋面和鞋底部分是一样的，只是鞋帮部分不同。

不同尺寸使用带圆括号的数字区别，第1个数字代表最小的尺寸，括号内的数字代表其余的尺寸。如果只出现一个数字，则适用于所有尺寸。

钩针

在每个步骤中，对于鞋子的不同部件，需要不同尺寸的钩针。

鞋型	钩针针号		
	鞋面	鞋底	鞋帮
包跟鞋	4.25毫米（G）	5毫米（H）	4.25毫米（G）
靴子	4.25毫米（G）	5毫米（H）	4.25毫米（G）
拖鞋	4.25毫米（G）	5.5毫米（I）	5毫米（H）

针法总结：

锁针、引拔针、短针、短针的2针并1针或隐形减针、中长针、长针、内钩长针、外钩长针、引拔连接。

技巧：

片钩和圈钩，修饰粗糙的边缘，在基础锁针行的两侧编织，不同尺寸的指引，引返编织（仅出现在拖鞋作品中），缝合。

左手钩编：

参阅第125页左手钩编。

密度

通过圈钩的方法制作一个筒状的样片，以测试密度。在必要情况下，可使用更粗或更细的钩针来获得所需密度。

钩针	10厘米×10厘米
4.25毫米（G）	16针短针×18圈
5毫米（H）	15针短针×17圈
5.5毫米（I）	14针短针×16圈

线材

中粗型毛线（4号粗）：MC指主色线，CC指配色线（参阅制作方法中关于配色线的建议）。以下表格指出了每双鞋子所需要的预估线量，此线量为主色线和配色线的用量之和。表格中使用的线材为Bernat Super Value纱线。若你使用其他毛线，可以通过本页下方表格中的长度来预估线量。

鞋型	儿童鞋的预估线量（重量）			成人鞋的预估线量（重量）		
	小码（S）	中码（M）	大码（L）	小码（S）	中码（M）	大码（L）
包跟鞋	2.25盎司/65克	2.5盎司/75克	3盎司/ 85克	3.5盎司/ 100克	3.75盎司/105克	4.25盎司/120克
靴子	3.33盎司/95克	3.75盎司/105克	4盎司/ 115克	5盎司/ 140克	5.5盎司/160克	6.5盎司/180克
拖鞋	2盎司/60克	2.67盎司/70克	2.75盎司/80克	3.33盎司/ 95克	3.75盎司/105克	4盎司/115克

鞋型	儿童鞋的预估线量（长度）			成人鞋的预估线量（长度）		
	小码（S）	中码（M）	大码（L）	小码（S）	中码（M）	大码（L）
包跟鞋	140码/128米	162码/148米	184码/168米	216码/197米	238码/217米	259码/237米
靴子	205码/188米	227码/207米	248码/227米	302码/276米	346码/316米	389码/355米
拖鞋	130码/118米	151码/138米	173码/158米	205码/188米	227码/207米	248码/227米

鞋面

制作2片（每只鞋子1片）。使用MC及4.25毫米（G）钩针片钩。

儿童鞋－S（M，L）

编织开始：起8（10，12）针锁针。

第1行：（反面）从钩针往回数第2针锁针钩短针（跳过的那针锁针不计为1针），接下来的5（7，9）针锁针都钩短针，从最后一针锁针钩出3针短针；在基础锁针行的两侧继续编织，接下来的6（8，10）针锁针都钩短针；翻面=15（19，23）针。

第2行：（正面）立织1针锁针（不计为1针），第1针钩短针，接下来的5（7，9）针都钩短针，接下来的3针分别钩出2针短针，接下来的6（8，10）针都钩短针=18（22，26）针。

断线打结，如使用引拔连接，则预留153厘米的线尾；如使用卷针缝或挑针缝合，则预留51厘米的线尾（参阅第123页连接鞋面）。

成人鞋－S（M，L）

编织开始：起10（12，14）针锁针。

第1行：（正面）从钩针往回数第2针锁针钩短针（跳过的那针锁针不计为1针），接下来的7（9，11）针锁针都钩短针，从最后一针锁针钩出3针短针；在基础锁针行的两侧继续编织，接下来的8（10，12）针锁针都钩短针；翻面=19（23，27）针。

第2行：（反面）立织1针锁针（这一针在此行及接下来的所有行都不计为1针），第1针钩短针，接下来的7（9，11）针都钩短针，接下来的3针分别钩出2针短针，接下来的8（10，12）针都钩短针；翻面=22（26，30）针。

第3行：（正面）立织1针锁针，第1针钩短针，接下来的7（9，11）针都钩短针，从下一针钩出2针短针，下一针钩短针，接下来的2针分别钩出2针短针，下一针钩短针，从下一针钩出2针短针，接下来的8（10，12）针都钩短针= 26（30，34）针。

断线打结，如使用引拔连接，则预留191厘米的线尾；如使用卷针缝或平针缝合，则预留64厘米的线尾（参阅第123页连接鞋面）。

儿童鞋鞋面－S

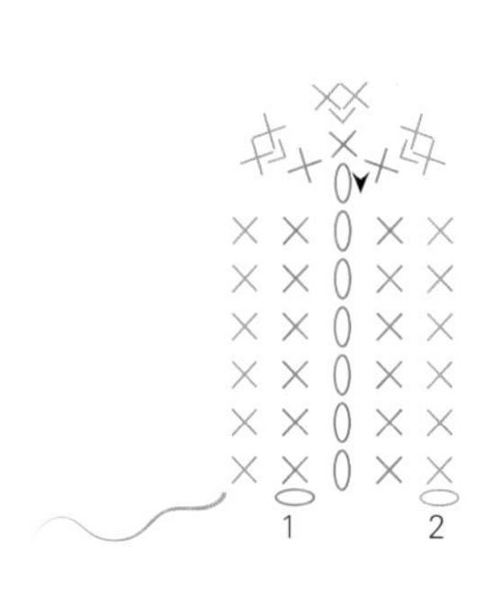

成人鞋鞋面－S

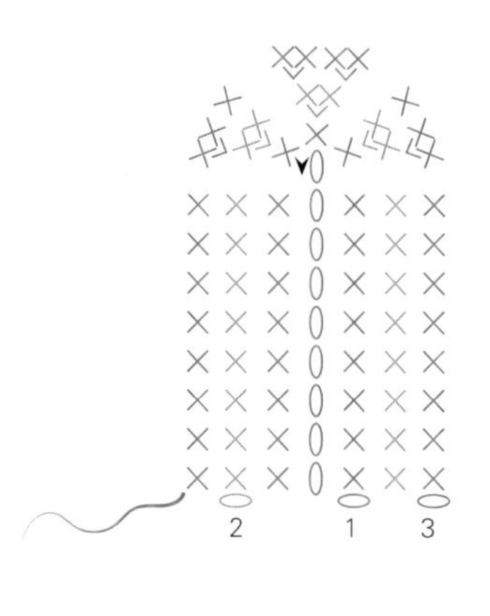

儿童鞋鞋面－M

成人鞋鞋面－M

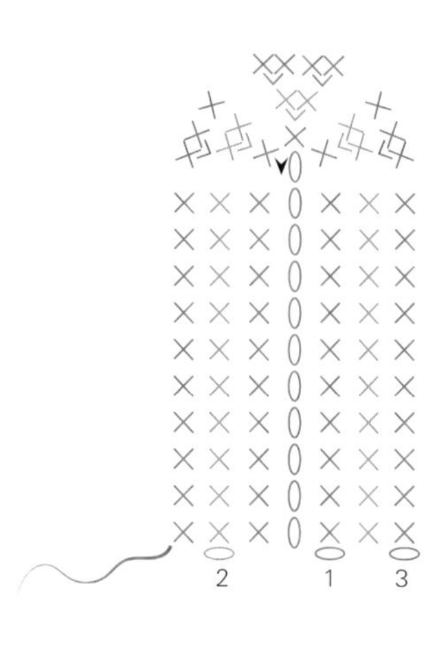

儿童鞋鞋面－L

成人鞋鞋面－L

双层鞋底

制作2片（每只鞋子1片）。双层鞋底是为了稳定、耐用和舒适而设计的。为了完成一个双层鞋底，需要用配色线（CC）做一个内鞋底，用主色线（MC）做一个外鞋底，两个鞋底的制作方法一致。如果主色线对于外鞋底来说太浅，可以用配色线来制作，在鞋底连接圈之后改为主色线。圈钩时注意不同针号的选择：

鞋型	钩针针号
包跟鞋	5毫米（H）
靴子	5毫米（H）
拖鞋	5.5毫米（I）

注意：
由于钩针织片有弹性，所以左鞋和右鞋没有区别。两只鞋子用同样的方法制作。

儿童鞋鞋底 – S

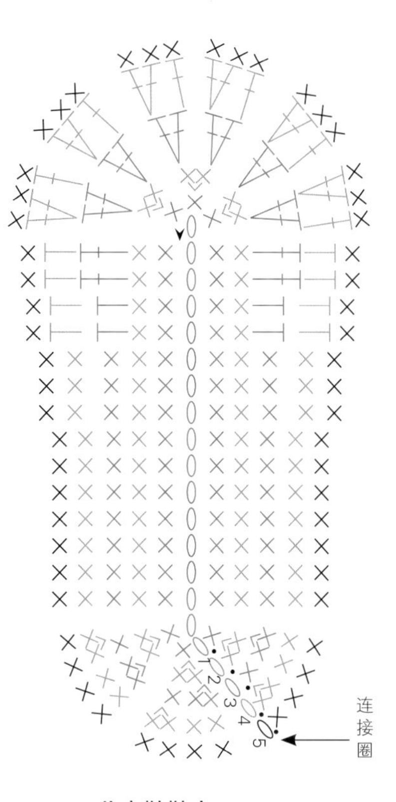

儿童鞋鞋底 – M

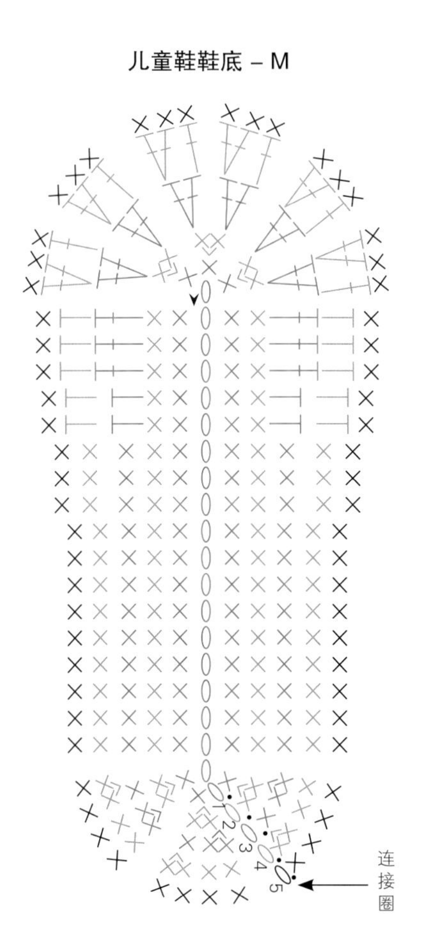

儿童鞋鞋底 – L

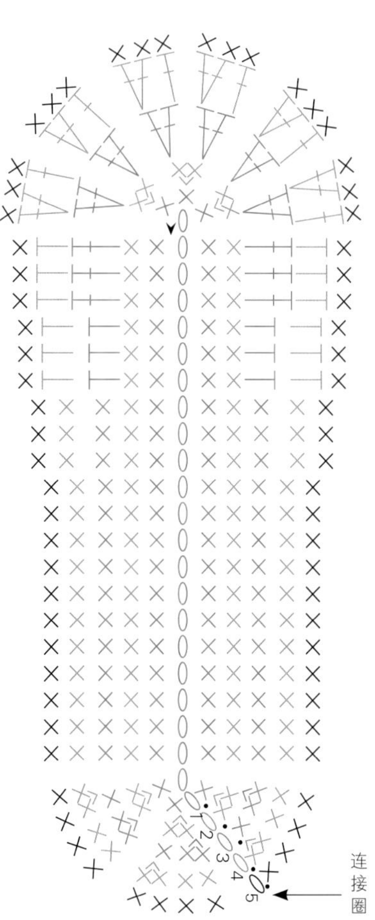

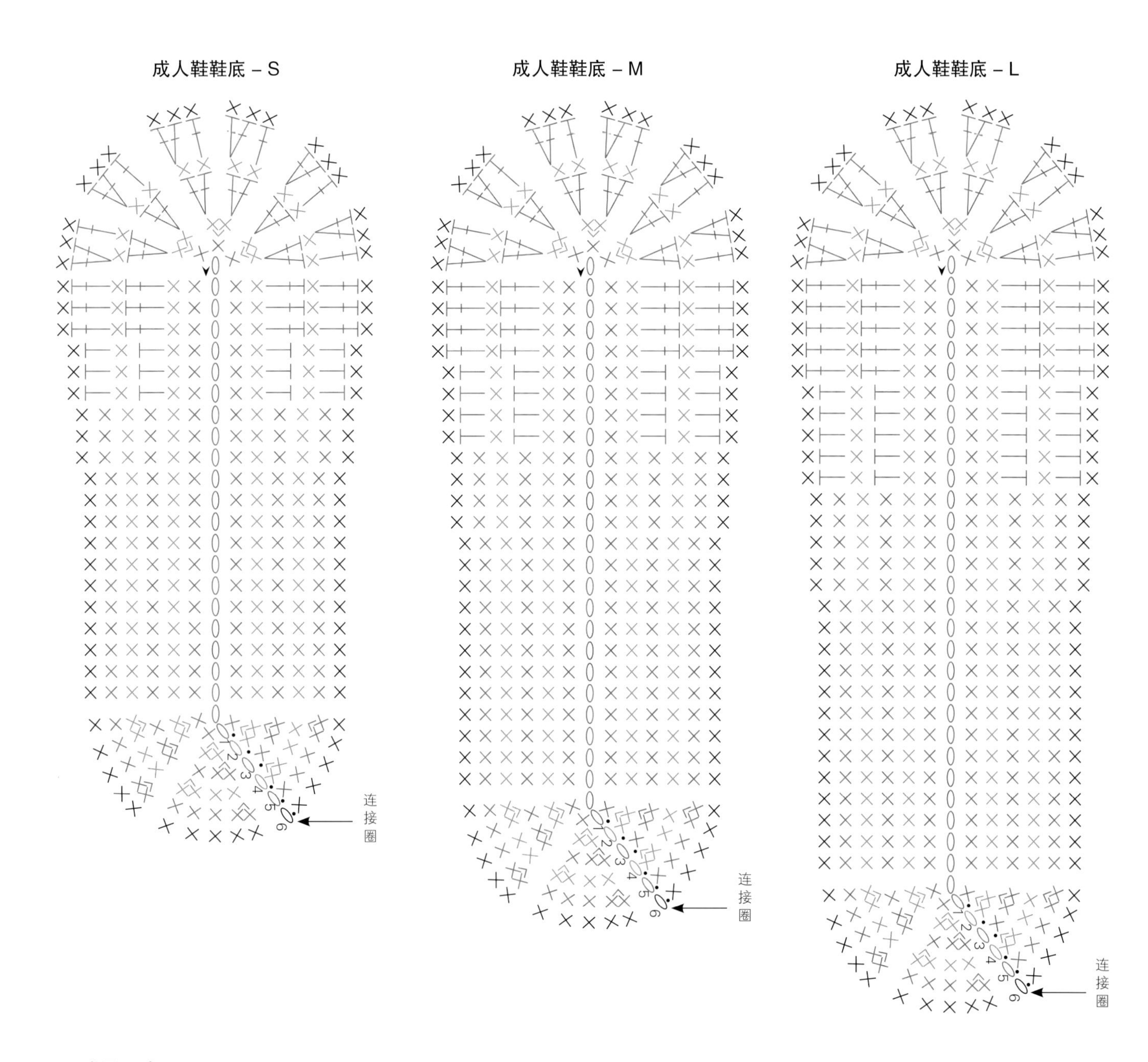

成品尺寸

这里的尺寸是指双层鞋底的最终长度，包含鞋底的连接圈。

鞋型	双层鞋底长度（儿童鞋）			双层鞋底长度（成人鞋）		
	小码（S）	中码（M）	大码（L）	小码（S）	中码（M）	大码（L）
包跟鞋	16.5厘米	18.5厘米	20厘米	21.5厘米	24厘米	27厘米
靴子	16.5厘米	18.5厘米	20厘米	21.5厘米	24厘米	27厘米
拖鞋	18厘米	20厘米	22厘米	23.5厘米	26厘米	29厘米

儿童鞋 – S（M，L）

编织开始：起17（20，23）针锁针。

第1圈：从钩针往回数第2针锁针钩短针（跳过的那针锁针不计为1针），接下来的14（17，20）针锁针都钩短针，从最后一针锁针钩出3针短针；在基础锁针行的两侧继续编织，接下来的14（17，20）针锁针都钩短针，从最后一针锁针钩出2针短针；引拔连接=34（40，46）针。

第2圈：立织1针锁针（这一针在此圈及接下来的所有圈都不计为1针），从引拔处的同一针钩出2针短针，接下来的14（17，20）针都钩短针，接下来的3针分别钩出2针短针，接下来的14（17，20）针都钩短针，接下来的2针分别钩出2针短针；引拔连接=40（46，52）针。

第3圈：立织1针锁针，从引拔处的同一针钩出1针短针，从下一针钩出2针短针，接下来的10（12，14）针都钩短针，接下来的2（2，3）针都钩中长针，接下来的2（3，3）针都钩长针，接下来的6针分别钩出2针长针，接下来的2（3，3）针都钩长针，接下来的2（2，3）针都钩中长针，接下来的10（12，14）针都钩短针，［下一针钩短针，从下一针钩出2针短针］2次；引拔连接=49（55，61）针。

第4圈：立织1针锁针，从引拔处的同一针钩出2针短针，接下来的12（14，16）针都钩短针，接下来的4（5，6）针都钩中长针，［从下一针钩出1针长针，从下一针钩出2针长针］6次，接下来的4（5，6）针都钩中长针，接下来的10（12，14）针都钩短针，［从下一针钩出2针短针，接下来的2针都钩短针］2次；引拔连接=58（64，70）针。

断线打结，藏好线头。

成人鞋 – S（M，L）

编织开始：起23（27，31）针锁针。

第1圈：从钩针往回数第2针锁针钩短针（跳过的那针锁针不计为1针），接下来的20（24，28）针锁针都钩短针，从最后一针锁针钩出3针短针；在基础锁针行的两侧继续编织，接下来的20（24，28）针锁针都钩短针，从最后一针锁针钩出2针短针；引拔连接=46（54，62）针。

第2圈：立织1针锁针（这一针在此圈及接下来的所有圈都不计为1针），从引拔处的同一针钩出2针短针，接下来的20（24，28）针都钩短针，接下来的3针分别钩出2针短针，接下来的20（24，28）针都钩短针，接下来的2针分别钩出2针短针；引拔连接=52（60，68）针。

第3圈：立织1针锁针，从引拔处的同一针钩出1针短针，从下一针钩出2针短针，接下来的14（16，18）针都钩短针，接下来的3（4，5）针都钩中长针，接下来的3（4，5）针都钩长针，接下来的6针分别钩出2针长针，接下来的3（4，5）针都钩长针，接下来的3（4，5）针都钩中长针，接下来的14（16，18）针都钩短针，［下一针钩短针，从下一针钩出2针短针］2次；引拔连接=61（69，77）针。

第4圈：立织1针锁针，从引拔处的同一针钩出2针短针，接下来的54（62，70）针都钩短针，［从下一针钩出2针短针，接下来的2针都钩短针］2次；引拔连接=64（72，80）针。

第5圈：立织1针锁针，从引拔处的同一针钩出1针短针，接下来的2针都钩短针，从下一针钩出2针短针，接下来的14（16，18）针都钩短针，接下来的3（4，5）针都钩中长针，接下来的3（4，5）针都钩长针，［从下一针钩出1针长针，从下一针钩出2针长针］6次，接下来的3（4，5）针都钩长针，接下来的3（4，5）针都钩中长针，接下来的14（16，18）针都钩短针，［接下来的3针都钩短针，从下一针钩出2针短针］2次；引拔连接=73（81，89）针。

断线打结，藏好线头。

连接鞋底

对齐内鞋底和外鞋底，将它们的反面朝里相对，并且外鞋底朝向你（见图1）。

所在圈	儿童鞋			成人鞋		
	小码（S）	中码（M）	大码（L）	小码（S）	中码（M）	大码（L）
开始	找出鞋底窄边标记后跟中心的6针，两端分别用记号扣穿过两层来标记；记号扣和记号扣之间应为4针（见图1和图2）			找出鞋底窄边标记后跟中心的7针，两端分别用记号扣穿过两层来标记；记号扣和记号扣之间应为5针（见图1和图2）		
	保持外鞋底朝向你，在左端记号扣所在的那一针接上主色线（见图3），左利手则从右端记号扣所在的那一针接上线（参阅第125页左手钩编）。使用与钩鞋底相同的针号，穿过两层鞋底的每一针进行一整圈的连接，在编织的过程中可把记号扣取下（见图4）					
连接圈（正面）	立织1针锁针（不计为1针），从引拔处的同一针钩出1针短针，接下来的每一针都钩短针，直到圈末；引拔连接=58（64，70）针			立织1针锁针（不计为1针），从引拔处的同一针钩出1针短针，接下来的每一针都钩短针，直到圈末；引拔连接=73（81，89）针		

不要断线也不要翻面，继续使用主色线编织鞋子的鞋帮部分，保持外鞋底所在侧为外侧，内鞋底所在侧为内侧（见包跟鞋和靴子的鞋帮、拖鞋的鞋帮）。

1

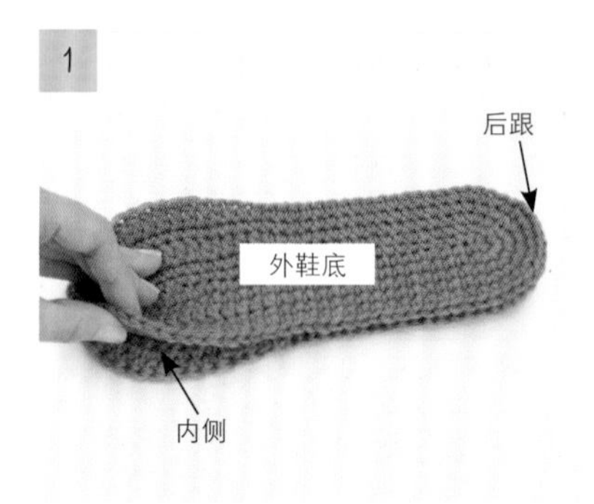

鞋底窄边的后跟中心针

2

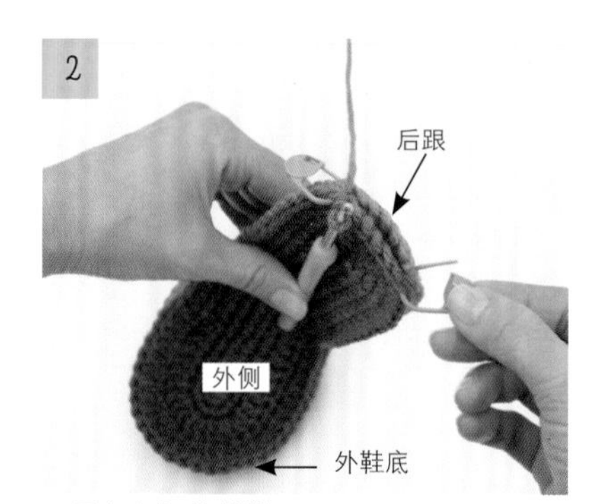

记号扣之间的针数：
儿童鞋 – S，M，L：4针
成人鞋 – S，M，L：5针

3

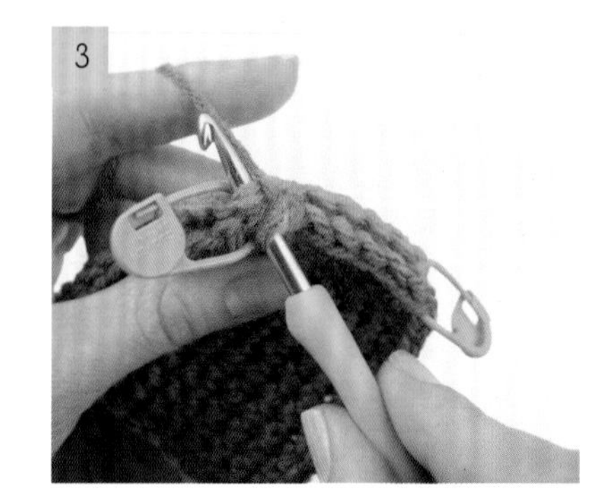

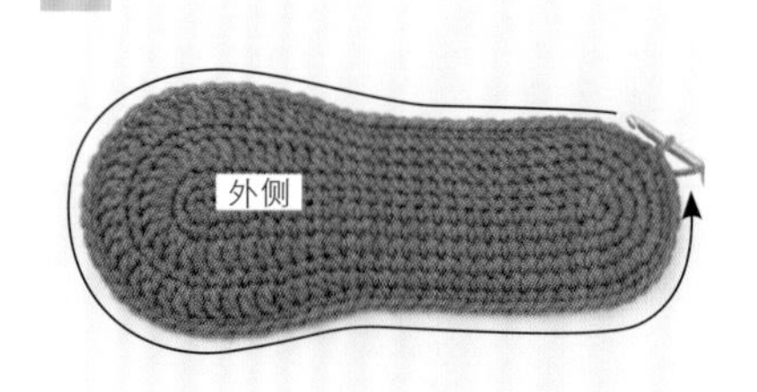

包跟鞋和靴子的鞋帮

保持外鞋底朝向你，使用主色线（MC）和4.25毫米（G）钩针，沿着鞋底的连接圈开始编织。

儿童鞋 – S（M，L）

沿着鞋底连接圈的58（64，70）针进行编织：

第1圈： 立织2针锁针（不计为1针），从引拔处的同一针钩出1针短针，接下来的每一针都钩长针，直到圈末；引拔连接=58（64，70）针。

第2、3圈： 立织1针锁针（这一针在此两圈及接下来的所有圈都不计为1针），围绕引拔处的同一针钩出1针外钩长针，围绕下一针钩内钩长针，［围绕下一针钩外钩长针，围绕下一针钩内钩长针］28（31，34）次；引拔连接=58（64，70）针。

第4圈： 立织1针锁针，［围绕下一针外钩长针钩外钩长针，围绕下一针内钩长针钩内钩长针］5（6，7）次，接下来的8（9，10）针都钩短针，［下一针钩短针，短针的2针并1针］6次，接下来的8（9，10）针都钩短针，［围绕下一针外钩长针钩外钩长针，围绕下一针内钩长针钩内钩长针］7（8，9）次；引拔连接=52（58，64）针。

第5圈： 立织1针锁针，［围绕下一针外钩长针钩外钩长针，围绕下一针内钩长针钩内钩长针］4（5，6）次，接下来的5（4，3）针都钩短针，且在刚完成的最后一针放记号扣A，接下来的5（7，9）针都钩短针，［短针的2针并1针］6次，接下来的6（8，10）针都钩短针，且在刚完成的最后一针放记号扣B，接下来的4（3，2）针都钩短针，［围绕下一针外钩长针钩外钩长针，围绕下一针内钩长针钩内钩长针］6（7，8）次；引拔连接=46（52，58）针。

不要断线，且在组装鞋面时，将最后一个线圈留在钩针上。

成人鞋 – S（M，L）

沿着鞋底连接圈的73（81，89）针进行编织：

第1圈： 立织2针锁针（不计为1针），从引拔处的同一针钩出1针短针，接下来的每一针都钩短针，直到最后的2针前，短针的2针并1针；引拔连接=72（80，88）针。

第2、3圈： 立织1针锁针（这一针在此两圈及接下来的所有圈都不计为1针），围绕引拔处的同一针钩出1针外钩长针，围绕下一针内钩长针，［围绕下一针钩外钩长针，围绕下一针钩内钩长针］35（39，43）次；引拔连接=72（80，88）针。

第4圈： 立织1针锁针，［围绕下一针外钩长针钩外钩长针，围绕下一针内钩长针钩内钩长针］7（8，9）次，接下来的40（44，48）针都钩短针，［围绕下一针外钩长针钩外钩长针，围绕下一针内钩长针钩内钩长针］9（10，11）次；引拔连接=72（80，88）针。

第5圈： 立织1针锁针，［围绕下一针外钩长针钩外钩长针，围绕下一针内钩长针钩内钩长针］6（7，8）次，接下来的13（15，17）针都钩短针，［下一针钩短针，短针的2针并1针］6次，接下来的13（15，17）针都钩短针，［围绕下一针外钩长针钩外钩长针，围绕下一针内钩长针钩内钩长针］8（9，10）次；引拔连接=66（74，82）针。

第6圈： 立织1针锁针，［围绕下一针外钩长针钩外钩长针，围绕下一针内钩长针钩内钩长针］5（6，7）次，接下来的6针都钩短针，且在刚完成的最后一针放记号扣A，接下来的9（11，13）针都钩短针，［短针的2针并1针］6次，接下来的10（12，14）针都钩短针，且在刚完成的最后一针放记号扣B，接下来的5针都钩短针，［围绕下一针外钩长针钩外钩长针，围绕下一针内钩长针钩内钩长针］7（8，9）次；引拔连接=60（68，76）针。

不要断线，且在连接鞋面时，将最后一个线圈留在钩针上。

组装鞋面

将鞋面放在两记号扣中间。放记号扣的两针应垂直相对，正好对齐鞋面的第1针和最后一针（见图1）。使用鞋面预留的长线尾，沿着记号扣A至记号扣B（见图2）的弧线对鞋面的弧线边缘做连接，可使用你偏好的连接方法（参阅第123页连接鞋面）。精确地连接鞋面，对于鞋子的成品外观非常重要，所以要仔细地遵循每一个步骤。

断线打结，藏好线头，但是先别取下记号扣。拿起你的钩针和线，沿着最后一圈的边缘继续编织（见图3）。

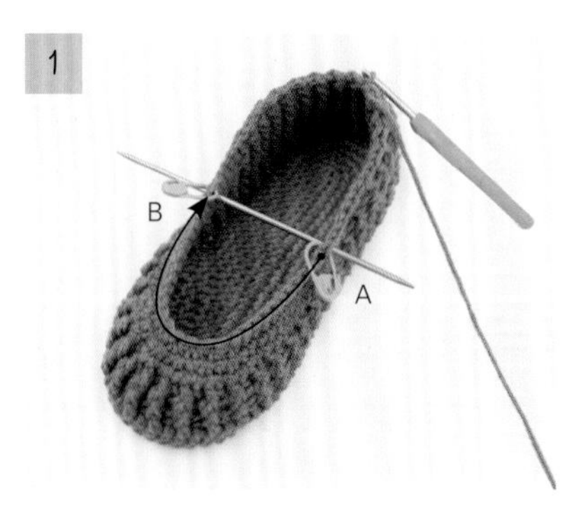

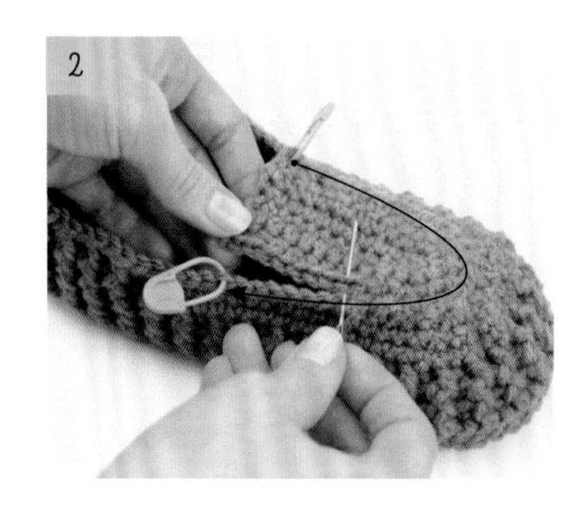

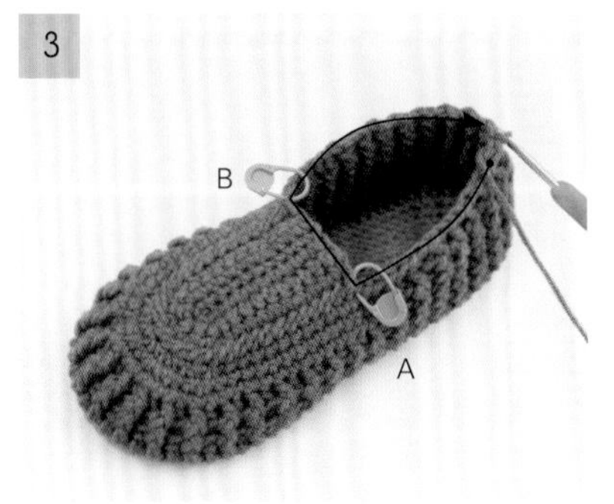

边缘

注意：

开始的1针锁针不计为1针，因此，编织时不要跳过引拔所在的第1针。

所在圈	儿童鞋			成人鞋		
	小码（S）	中码（M）	大码（L）	小码（S）	中码（M）	大码（L）
1	立织1针锁针，接下来的每一针都钩短针，直到记号扣A前，跳过记号扣所在的针目不钩，沿着鞋面的侧边至记号扣B均匀地钩5针短针，跳过记号扣所在的针目不钩，接下来的每一针都钩短针，直到编织起点；引拔连接，取下记号扣=33（35，37）针			立织1针锁针，接下来的每一针都钩短针，直到记号扣A前，跳过记号扣所在的针目不钩，沿着鞋面的侧边至记号扣B均匀地钩7针短针，跳过记号扣所在的针目不钩，接下来的每一针都钩短针，直到编织起点；引拔连接，取下记号扣=41（45，49）针		
2	立织1针锁针，［接下来的3针都钩短针，短针的2针并1针］6次，下一针钩短针，短针的2针并1针；引拔连接=26针	立织1针锁针，［接下来的3针都钩短针，短针的2针并1针］7次；引拔连接=28针	立织1针锁针，［接下来的3针都钩短针，短针的2针并1针］7次，接下来的2针都钩短针；引拔连接=30针	立织1针锁针，［接下来的3针都钩短针，短针的2针并1针］7次，［下一针钩短针，短针的2针并1针］2次；引拔连接=32针	立织1针锁针，［接下来的3针都钩短针，短针的2针并1针］9次；引拔连接=36针	立织1针锁针，［接下来的3针都钩短针，短针的2针并1针］9次，接下来的4针都钩短针；引拔连接=40针
3	立织1针锁针，接下来的每一针都钩短针，直到圈末；引拔连接=26（28，30）针			立织1针锁针，接下来的每一针都钩短针，直到圈末；引拔连接=32（36，40）针		

如果是包跟鞋，断线打结，藏好线头。如果是靴子，则继续编织靴口的翻边。也可根据喜好，给鞋底增加一个防滑衬垫（见防滑鞋底）。

靴口翻边

注意：

第1圈开始的2针锁针不计为1针，因此，编织时不要跳过引拔所在的第1针。

所在圈	儿童鞋			成人鞋		
	小码（S）	中码（M）	大码（L）	小码（S）	中码（M）	大码（L）
1	立织2针锁针，［接下来的3针都钩长针，从下一针钩出2针长针，接下来的2针都钩长针，从下一针钩出2针长针］3次，接下来的2针都钩长针，从下一针钩出2针长针，从下一针钩出1针长针，从下一针钩出2针长针；引拔连接=34针	立织2针锁针，［接下来的3针都钩长针，从下一针钩出2针长针］6次，［从下一针钩出1针长针，从下一针钩出2针长针］2次；引拔连接=36针	立织2针锁针，［接下来的3针都钩长针，从下一针钩出2针长针］7次，从下一针钩出1针长针，从下一针钩出2针长针；引拔连接=38针	立织2针锁针，［接下来的3针都钩长针，从下一针钩出2针长针］8次；引拔连接=40针	立织2针锁针，［接下来的4针都钩长针，从下一针钩出2针长针，接下来的3针都钩长针，从下一针钩出2针长针］4次；引拔连接=44针	立织2针锁针，［接下来的4针都钩长针，从下一针钩出2针长针］8次；引拔连接=48针
2	立织1针锁针（不计为1针），围绕引拔处的同一针钩出1针外钩长针，围绕下一针钩内钩长针；［围绕下一针钩外钩长针，围绕下一针钩内钩长针］重复至圈末；引拔连接=34（36，38）针			立织1针锁针（不计为1针），围绕引拔处的同一针钩出1针外钩长针，围绕下一针钩内钩长针；［围绕下一针钩外钩长针，围绕下一针钩内钩长针］重复至圈末；引拔连接=40（44，48）针		
3	第2圈继续重复4次	第2圈继续重复5次	第2圈继续重复6次	第2圈继续重复7次	第2圈继续重复8次	第2圈继续重复9次

断线打结，藏好线头。穿的时候将靴口翻下来，或保持靴口笔直。也可根据喜好，给鞋底增加一个防滑衬垫（见防滑鞋底）。

拖鞋的鞋帮

保持外鞋底朝向你，使用主色线（MC）和5毫米（H）钩针，沿着鞋底的连接圈开始编织。

儿童鞋－S（M，L）

沿着鞋底连接圈的58（64，70）针进行编织。

第1圈：立织1针锁针（这一针在此圈及接下来的所有圈都不计为1针），从引拔处的同一针钩出1针短针，接下来的4（5，6）针都钩短针，接下来的5（6，7）针都钩中长针，接下来的34（36，38）针都钩长针，接下来的5（6，7）针都钩中长针，接下来的9（10，11）针分别钩1针短针；引拔连接=58（64，70）针。

第2圈：立织1针锁针，从引拔处的同一针钩出1针短针，接下来的9（11，13）针都钩短针；［围绕下一针长针钩出1针外钩长针，围绕下一针长针钩出1针内钩长针］17（18，19）次，接下来的14（16，18）针都钩短针；引拔连接=58（64，70）针。

从这里开始改为片钩，使用一个记号扣用于标记引返编织的起点（起始记号扣）。每完成一行取下这个记号扣。

第3行：（正面）跳过引拔处的那一针，接下来的4（5，6）针都编织引拔针（不计入针数），下一针钩短针，且在刚完成的最后一针放起始记号扣，接下来的4（5，6）针都钩短针；［围绕下一针外钩长针钩外钩长针，围绕下一针内钩长针钩内钩长针］17（18，19）次，接下来的5（6，7）针都钩短针；保留鞋跟处的针目不钩，翻面=44（48，52）针。

第4行：（反面）跳过第1针，接下来的2针都编织引拔针（不计入针数），下一针钩短针，且在刚完成的最后一针放起始记号扣，接下来的9（11，13）针都钩短针，［下一针钩短针，短针的2针并1针］6次，接下来的10（12，14）针都钩短针；留下最后的3针不钩，翻面=32（36，40）针。

第5行：（正面）跳过第1针，接下来的2针都编织引拔针（不计入针数），下一针钩短针，且在刚完成的最后一针放起始记号扣，接下来的25（29，33）针都钩短针；留下最后的3针不钩，翻面=26（30，34）针。

第6行：（反面）立织1针锁针，第1针钩短针，且在刚完成的那一针上放记号扣B，接下来的4（6，8）针都钩短针，［短针的2针并1针］8次，接下来的5（7，9）针都钩短针，且在刚完成的最后一针放记号扣A；翻面=18（22，26）针。

不要断线，且将最后一个线圈留在钩针上，以便组装鞋面。

成人鞋 －S（M，L）

沿着鞋底连接圈的73（81，89）针进行编织：

第1圈：立织1针锁针（这一针在此圈及接下来的所有圈都不计为1针），从引拔处的同一针钩出1针短针，接下来的6（7，8）针都钩短针，接下来的7（8，9）针都钩中长针，接下来的40（44，48）针都钩长针，接下来的7（8，9）针都钩中长针，接下来的12（13，14）针都钩短针；引拔连接=73（81，89）针。

第2圈：立织1针锁针，从引拔位置的同一针钩短针，接下来的13（15，17）针都钩短针，［围绕下一针长针钩出1针外钩长针，围绕下一针长针钩出1针内钩长针］20（22，24）次，接下来的19（21，23）针都钩短针；引拔连接=73（81，89）针。

从这里开始改为片钩，使用一个记号扣用于标记引返编织的起点（起始记号扣）。每完成一行取下这个记号扣。

第3行：（正面）跳过引拔处的那一针，接下来的6（7，8）针都编织引拔针（不计入针数），下一针钩短针，且在刚完成的最后一针放起始记号扣，接下来的6（7，8）针都钩短针，［围绕下一针外钩长针钩外钩长针，围绕下一针内钩长针钩内钩长针］20（22，24）次，接下来的7（8，9）针都钩短针；保留鞋跟处的针目不钩，翻面=54（60，66）针。

第4行：（反面）跳过第1针，接下来的2针都编织引拔针（不计入针数），下一针钩短针，且在刚完成的最后一针放起始记号扣，接下来的47（53，59）针都钩短针；留下最后的3针不钩，翻面=48（54，60）针。

第5行：（正面）跳过第1针，接下来的2针都编织引拔针（不计入针数），下一针钩短针，且在刚完成的最后一针放起始记号扣，接下来的11（14，17）针都钩短针，［下一针钩短针，短针的2针并1针］6次，接下来的12（15，18）针都钩短针；留下最后的3针不钩，翻面=36（42，48）针。

第6行：（反面）跳过第1针，接下来的2针都编织引拔针（不计入针数），下一针钩短针，且在刚完成的最后一针放起始记号扣，接下来的29（35，41）针都钩短针；留下最后3针不钩，翻面=30（36，42）针。

第7行：（正面）立织1针锁针，第1针钩短针，且在刚完成的那一针上放记号扣A，接下来的10（11，12）针都钩短针，［短针的2针并1针］4（6，8）次，接下来的11（12，13）针都钩短针，且在刚完成的最后一针放记号扣B；不要翻面=26（30，34）针。

不要断线，且将最后一个线圈留在钩针上，以便组装鞋面。

组装鞋面

将鞋面放在两记号扣中间。放记号扣的两针正好对齐鞋面的第1针和最后一针。使用鞋面预留的长线尾，沿着记号扣A至记号扣B（见图1和图2）的弧线对鞋面的弧线边缘做连接，可使用你偏好的连接方法（参阅第123页连接鞋面）。精确地连接鞋面，对于鞋子的成品外观非常重要，所以要仔细地遵循每一个步骤。断线打结，藏好线头。

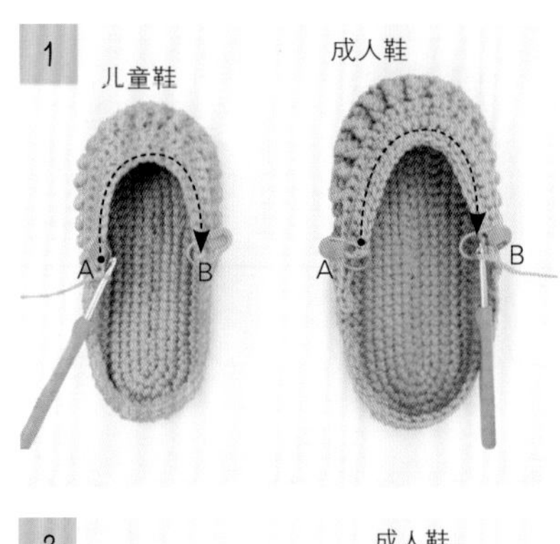

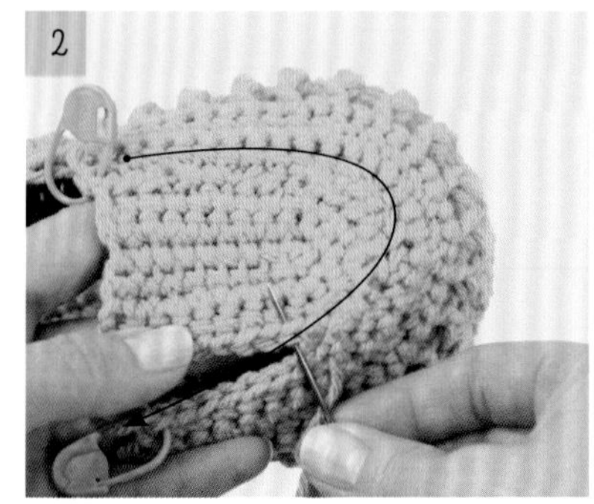

边缘

拿起钩针和线，沿着拖鞋的最后一圈的粗糙边缘继续编织：保持拖鞋的外侧朝向你，均匀地沿着整个边缘钩短针，同时将遇到的记号扣取下（见图3），与第1针引拔。断线打结，藏好线头。也可根据喜好，给鞋底增加一个防滑衬垫（见防滑鞋底）。

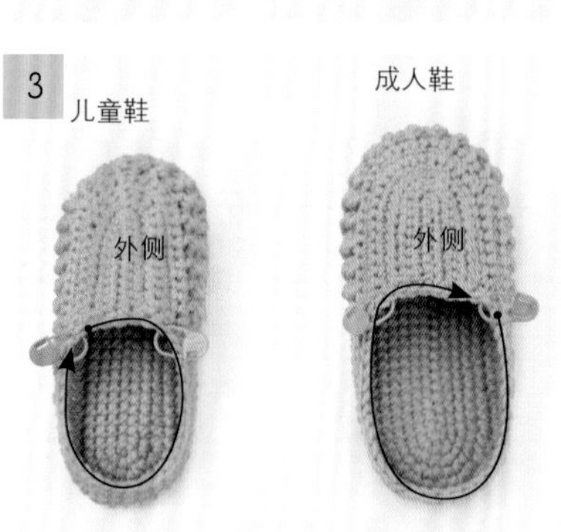

防滑鞋底

纱线钩编的鞋子在没有地毯的地板上可能会打滑。为了安全起见，你可以将普通的网状防滑垫裁成衬垫加在鞋底上。

把防滑鞋底的纸样描在一张透明纸上，然后剪下来。用这个纸样从网状防滑垫上裁下两个衬垫。

将衬垫放在钩编的鞋底上，由于衬垫比鞋底略小，从中间向外均匀地定位。用缝针穿起主色线，沿着中心线做一道平针缝，然后掉转方向，在中心线的两边各缝一道线（见图4和图5）。

使用同样的线，沿着衬垫的周围做卷针缝（见图6）。断线打结，藏好线头。

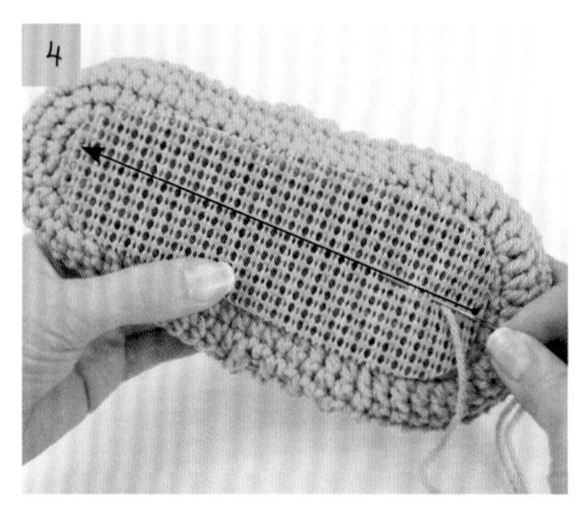

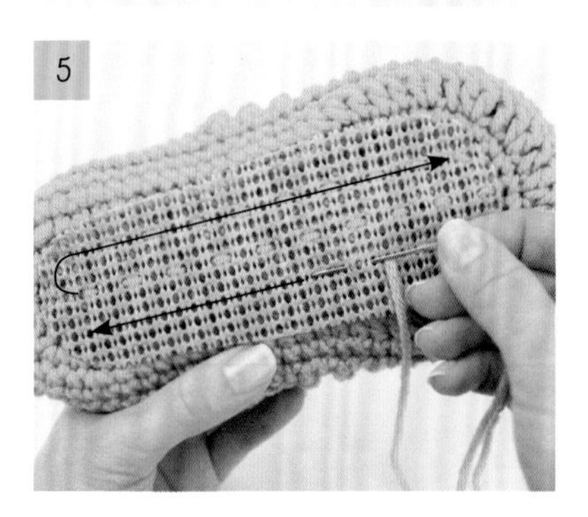

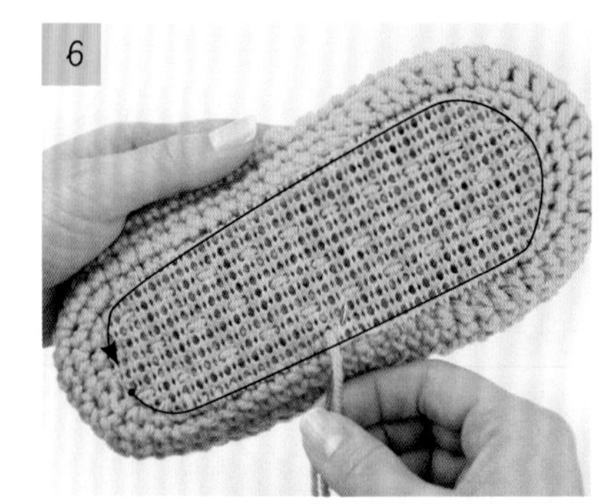

小窍门

在剪下衬垫前，你可以使用双面胶带或用普通胶带做的双面胶环来将纸样与网状防滑垫固定。你也可以用笔将鞋底的形状描在防滑垫上，然后在笔迹的内侧裁出衬垫。

防滑鞋底
纸样

（实物大尺寸）

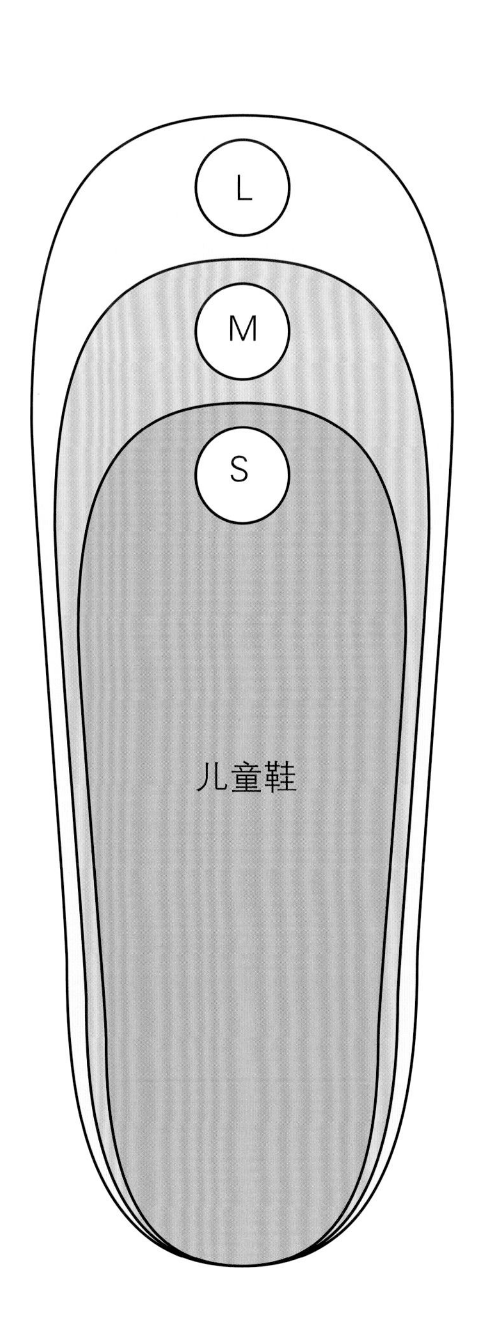

室内鞋

憨厚哈巴狗

憨厚的哈巴狗会“依偎”在你的脚上。它们不会吠叫或咬人，但会保护你的脚不受凉。

工具、材料和技法

线材 – 4号粗

少量CC1（巧克力色）用于制作耳朵和口鼻，CC2（黑色）用于制作鼻子。

使用MC（浅暖棕色）钩鞋帮和外鞋底，使用CC2（黑色）钩内鞋底。

钩针

3.5毫米（E），3.75毫米（F），4.25毫米（G）

补充工具和材料

- 充当眼睛的纽扣：4个直径15毫米的用于儿童鞋S（M，L），4个直径20毫米的用于成人鞋S（M，L）
- 用于衬托眼睛的白色手工毛毡
- 记号扣
- 缝衣针和细线
- 毛线缝针和剪刀

钩编针法汇总

锁针，引拔针，短针，魔术环（可选），引拔连接

钩编技法

片钩和圈钩，在基础锁针行的两侧编织，加针，缝合

难度指数：●○○○

口鼻

每只鞋子制作1片。使用CC1及4.25毫米（G）钩针编织。

儿童鞋 – S, M, L

编织开始： 起3针锁针，从钩针往回数第3针钩引拔针，形成一个环（或使用魔术环来起针）。

第1圈： 立织1针锁针（这一针在此圈及接下来的所有圈都不计为1针），从环中钩出6针短针；引拔连接=6针。

第2圈： 立织1针锁针，从引拔处的同一针钩出1针短针，从下一针钩出3针短针，［下一针钩短针，从下一针钩出3针短针］2次；引拔连接=12针。

第3圈： 立织1针锁针，从引拔处的同一针钩出1针短针，下一针钩短针，从下一针钩出3针短针，［接下来的3针都钩短针，从下一针钩出3针短针］2次，最后一针钩短针；引拔连接=18针。

第4圈： 立织1针锁针，从引拔处的同一针钩出1针短针，接下来的2针都钩短针，从下一针钩出3针短针，接下来的4针都钩短针，从下一针钩出2针短针，下一针钩短针，且在刚钩完的这一针放记号扣标记口鼻的顶部位置，从下一针钩出2针短针，接下来的4针都钩短针，从下一针钩出3针短针，接下来的2针都钩短针；引拔连接=24针。

断线打结，预留长线尾用于缝合。

成人鞋 – S, M, L

编织开始： 起3针锁针，从钩针往回数第3针钩引拔针，形成一个环（或使用魔术环来起针）。

第1~3圈： 编织方法同儿童鞋。

第4圈： 立织1针锁针，从引拔处的同一针钩出1针短针，接下来的2针都钩短针，从下一针钩出3针短针，［接下来的5针都钩短针，从下一针钩出3针短针］2次，接下来的2针都钩短针；引拔连接=24针。

第5圈： 立织1针锁针，从引拔处的同一针钩出1针短针，接下来的3针都钩短针，从下一针钩出3针短针，接下来的6针都钩短针，从下一针钩出2针短针，下一针钩短针，且在刚钩完的这一针放记号扣标记口鼻的顶部位置，从下一针钩出2针短针，接下来的6针都钩短针，从下一针钩出3针短针，接下来的3针都钩短针；引拔连接=30针。

断线打结，预留长线尾用于缝合。

鼻子

每只鞋子制作1片。使用CC2圈钩，儿童鞋用3.5毫米（E）钩针，成人鞋用3.75毫米（F）钩针。

编织开始： 起4针锁针。

第1圈： 从钩针往回数第2针锁针钩短针（跳过的那针锁针不计为1针），下一针锁针钩短针，从最后一针锁针钩出3针短针；在基础锁针行的两侧继续编织，下一针锁针钩短针，从最后一针锁针钩出2针短针；引拔连接=8针。

断线打结，预留长线尾用于缝合。

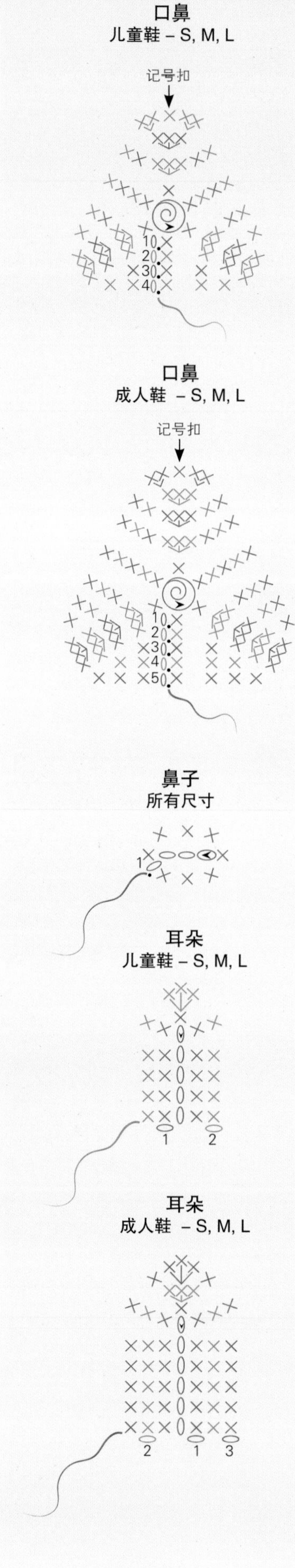

耳朵

每只鞋子制作2片。使用CC1及4.25毫米（G）钩针片钩。

儿童鞋 – S, M, L

编织开始： 起6针锁针。

第1行：（反面）从钩针往回数第2针锁针钩短针（跳过的那针锁针不计为1针），接下来的3针锁针都钩短针，从最后一针锁针钩出3针短针；在基础锁针行的两侧继续编织，接下来的4针锁针都钩短针；翻面=11针。

第2行：（正面）立织1针锁针（不计为1针），第1针钩短针，接下来的4针都钩短针，从下一针钩出3针短针，接下来的5针都钩短针=13针。

断线打结，预留长线尾用于缝合。

成人鞋 – S, M, L

编织开始： 起7针锁针。

第1行：（正面）从钩针往回数第2针锁针钩短针（跳过的那针锁针不计为1针），接下来的4针锁针都钩短针，从最后一针锁针钩出3针短针；在基础锁针行的两侧继续编织，接下来的5针锁针都钩短针；翻面=13针。

第2行：（反面）立织1针锁针（这一针在此行及接下来的所有行都不计为1针），第1针钩短针，接下来的5针都钩短针，从下一针钩出3针短针，接下来的6针都钩短针；翻面=15针。

第3行：（正面）立织1针锁针，第1针钩短针，接下来的6针都钩短针，从下一针钩出3针短针，接下来的7针都钩短针=17针。

断线打结，预留长线尾用于缝合。

完成鞋子

保持记号扣朝上，将口鼻织片定位到鞋头上。取下记号扣，利用CC1的长线尾，沿着周围以回针缝的方法将其固定到鞋头上（见图1）。断线打结，藏好线头。

将鼻子织片定位到口鼻织片的顶部边缘，使用CC2的长线尾，以回针缝的方法沿周围缝一圈固定到口鼻上（见图2）。断线打结，藏好线头。

至于眼睛，儿童鞋用直径15毫米的纽扣，成人鞋用直径20毫米的纽扣。将纽扣缝至口鼻织片的左右两侧，在每一枚纽扣的下方垫上一小块白色手工毛毡用于衬托眼睛（参阅第121页缝合技巧）。

以鞋面缝合线作为参考位置，将耳朵定位到鞋面缝合线的左右两侧（见图3）。

使用耳朵预留的CC1长线尾，以卷针缝的方法将其固定（见图4）。断线打结，藏好线头。

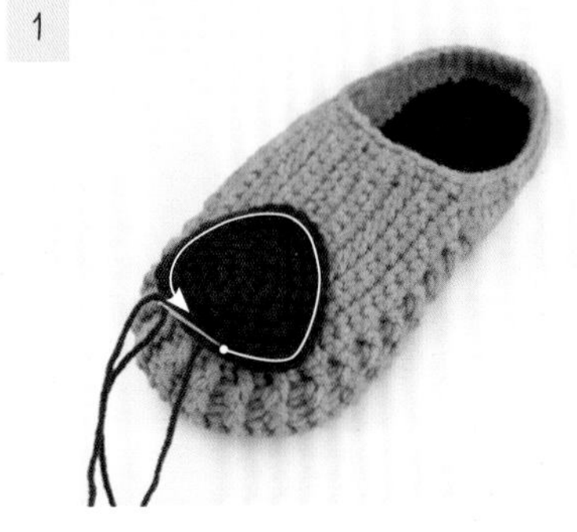

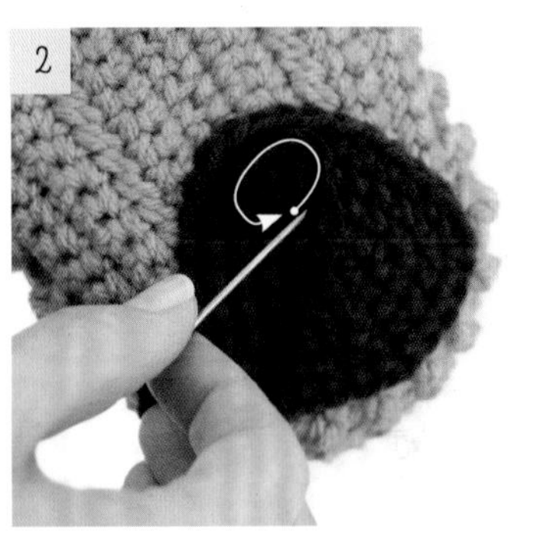

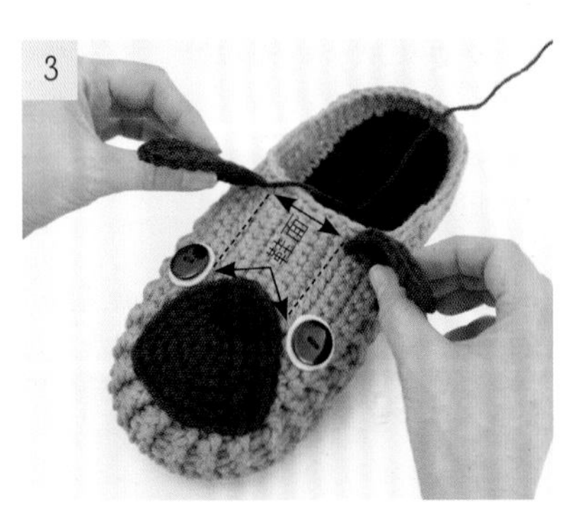

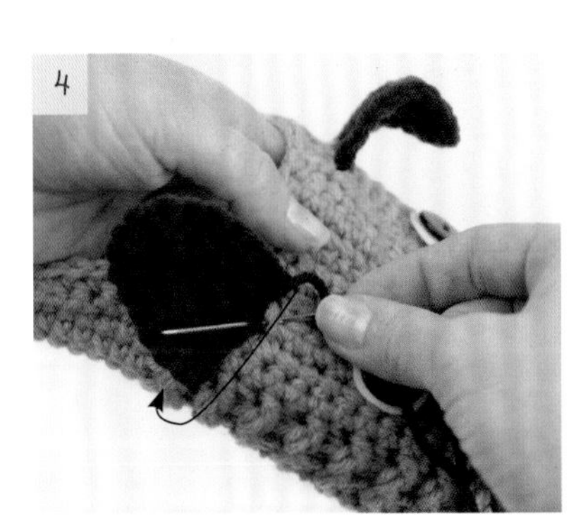

可爱小熊

这是一种你无须躲避的熊。把这些可爱的小熊穿在你的脚上，找一张温暖的毯子它们就可以“冬眠”一会儿了。

工具、材料和技法

线材 – 4号粗

少量MC（暖棕色）用于制作外耳，CC1（浅褐色）用于制作内耳和口鼻，CC2（巧克力色）用于制作鼻子。

使用MC（暖棕色）钩鞋帮和外鞋底，使用任意配色线钩内鞋底。

钩针

3.5毫米（E），3.75毫米（F），4.25毫米（G）

补充工具和材料

- 记号扣
- 充当眼睛的纽扣：4个直径15毫米的用于儿童鞋S（M，L），4个直径20毫米的用于成人鞋S（M，L）
- 缝衣针和细线
- 毛线缝针和剪刀

钩编针法汇总

锁针，引拔针，短针，魔术环（可选），引拔连接

钩编技法

片钩和圈钩，在基础锁针行的两侧编织，加针，缝合

难度指数：●○○○

口鼻

每只鞋子制作1片。使用CC1及4.25毫米（G）钩针螺旋圈钩。在编织的过程中每一圈的起点都用1枚记号扣做标记。

儿童鞋 – S, M, L

编织开始：起3针锁针，从钩针往回数第3针钩引拔针，形成一个环（或使用魔术环来起针）。

第1圈：立织1针锁针（不计为1针），从环中钩出6针短针；当前圈及接下来的所有圈都不做引拔连接=6针。

第2圈：从前一圈的第1针钩出2针短针，从接下来的5针分别钩出2针短针=12针。

第3圈：此圈的每一针都钩出2针短针=24针。

第4圈：此圈的每一针都钩短针=24针。

下一针编织引拔针，断线打结，预留长线尾用于缝合。

成人鞋 – S, M, L

编织开始：起3针锁针，从钩针往回数第3针钩引拔针，形成一个环（或使用魔术环来起针）。

第1~4圈：编织方法同儿童鞋。

第5圈：［下一针钩短针，从下一针钩出2针短针］12次=36针。

下一针编织引拔针，断线打结，预留长线尾用于缝合。

鼻子

每只鞋子制作1片。使用CC2圈钩，儿童鞋用3.5毫米（E）钩针，成人鞋用3.75毫米（F）钩针。

编织开始： 起4针锁针。

第1圈：从钩针往回数第2针锁针钩短针（跳过的那针锁针不计为1针），下一针锁针钩短针，从最后一针锁针钩出3针短针；在基础锁针行的两侧继续编织，下一针锁针钩短针，从最后一针锁针钩出2针短针；引拔连接=8针。

断线打结，预留长线尾用于缝合。

耳朵

每只鞋子制作2片。使用4.25毫米（G）钩针片钩。

儿童鞋 – S, M, L

内耳：
每只耳朵使用CC1钩1片内耳。

编织开始：起3针锁针，从钩针往回数第3针钩引拔针，形成一个环（或使用魔术环来起针）。

第1行：立织1针锁针（这一针在此行及接下来的所有行都不计为1针），从环中钩出4针短针；翻面=4针。

第2行：立织1针锁针，从第1针钩出2针短针，从接下来的3针分别钩出2针短针=8针。

断线打结，藏好线头。

外耳：
每只耳朵使用MC钩1片外耳。编织方法同内耳钩法，但是不要断线。翻面，下一行准备连接内外耳。

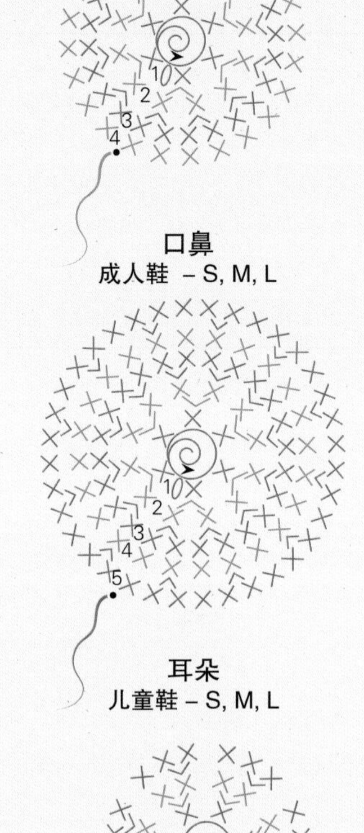

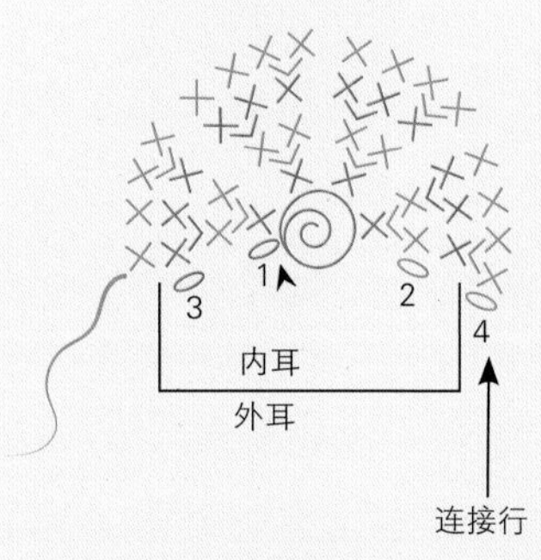

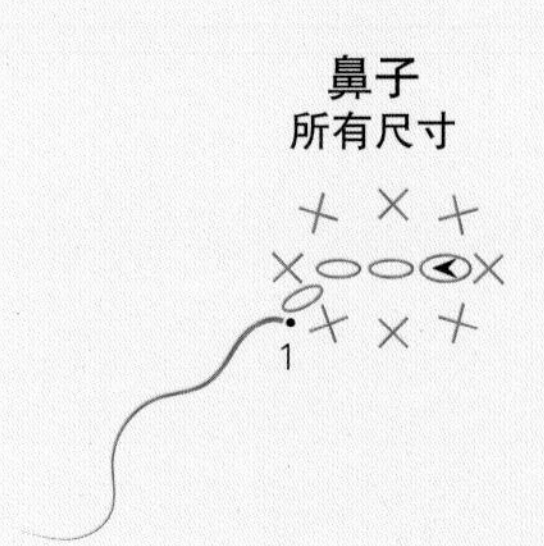

连接行：
将内耳放在外耳的上方，2片织片反面朝里相对，下一行使用外耳片的线尾，同时穿过2片织片来编织。

第3行：（正面）立织1针锁针，从第1针钩出2针短针，下一针钩短针，［从下一针钩出2针短针，下一针钩短针］3次=12针。

断线打结，预留长线尾用于缝合。

成人鞋 – S, M, L

内耳：
每只耳朵使用CC1钩1片内耳。

编织开始：起3针锁针，从钩针往回数第3针钩引拔针，形成一个环（或使用魔术环来起针）。

第1、2行：编织方法同儿童鞋，翻面。

第3行：立织1针锁针，从第1针钩出2针短针，下一针钩短针；［从下一针钩出2针短针，下一针钩短针］3次=12针。

断线打结，藏好线头。

外耳：
每只耳朵使用MC钩1片外耳。编织方法同内耳钩法，但是不要断线。翻面，下一行准备连接内外耳。

连接行：
将内耳放在外耳的上面，2片织片反面朝里相对，下一行使用外耳片的线尾，同时穿过2片织片来编织。

第4行：（正面）立织1针锁针，从第1针钩出2针短针，接下来的2针都钩短针，［从下一针钩出2针短针，接下来的2针都钩短针］3次=16针。

断线打结，预留长线尾用于缝合。

完成鞋子

将口鼻织片定位到鞋头上，利用CC1的长线尾，沿着周围以回针缝的方法将其固定到鞋头上（见图1）。断线打结，藏好线头。

将鼻子织片定位到口鼻织片的顶部边缘，使用CC2的长线尾，以回针缝的方法沿周围缝一圈固定到口鼻织片上，然后沿着鼻子中间往下做一道直线绣（见图2）。断线打结，藏好线头。

至于眼睛，儿童鞋用直径15毫米的纽扣，成人鞋用直径20毫米的纽扣。将纽扣缝至口鼻织片的上方，对齐鞋面缝合线的左右侧（参阅第121页缝合技巧）。

以鞋面缝合线作为参考位置，将耳朵定位至鞋面缝合线的左右两侧（见图3）。

分别使用两只耳朵的MC长线尾，将耳朵的底部边缘缝至鞋子上（见图4）。断线打结，藏好线头。

快乐企鹅

穿上这双可爱的企鹅拖鞋，溜进企鹅群里。它们会让你的双脚温暖、心灵快乐，全家人都会喜欢。

工具、材料和技法

线材 – 4号粗

少量MC（黑色）用于制作翅膀，CC1（白色）用于制作面部，CC2（黄色）钩嘴巴。

使用MC（黑色）钩鞋帮和外鞋底，使用CC1（白色）钩内鞋底。

钩针

3.75毫米（F），4.25毫米（G）

补充工具和材料

- 记号扣
- 充当眼睛的纽扣：4个直径10毫米的用于儿童鞋S（M，L），4个直径15毫米的用于成人鞋S（M，L）
- 缝衣针和细线
- 毛线缝针和剪刀

钩编针法汇总

锁针，短针，引拔针，魔术环（可选），引拔连接

钩编技法

片钩和圈钩，加针，缝合

难度指数：●○○○

面部

每只鞋子制作1片。每一块面部需要制作2个圆片，并把它们缝在一起。使用CC1及4.25毫米（G）钩针螺旋圈钩。在编织的过程中每一圈的起点都用1枚记号扣做标记。

儿童鞋 – S, M, L

编织开始：起3针锁针，从钩针往回数第3针钩引拔针，形成一个环（或使用魔术环来起针）。

第1圈：立织1针锁针（不计为1针），从环中钩出6针短针；当前圈及接下来的所有圈都不做引拔连接=6针。

第2圈：从前一圈的第1针钩出2针短针，从接下来的5针分别钩出2针短针=12针。

第3圈：［下一针钩短针，从下一针钩出2针短针］6次=18针。

下一针编织引拔针，断线打结，完成第1个圆片时预留长线尾用于缝合，完成第2个圆片时将线头藏好。

成人鞋 – S, M, L

编织开始：起3针锁针，从钩针往回数第3针钩引拔针，形成一个环（或使用魔术环来起针）。

第1、2圈：编织方法同儿童鞋。

第3圈：此圈的每一针都钩出2针短针=24针。

第4圈：此圈的每一针都钩短针=24针。

下一针编织引拔针，断线打结，完成第1个圆片时预留长线尾用于缝合，完成第2个圆片时将线头藏好。

完成面部

将2片圆片并排放置，相切的3针使用第1个圆片的CC1长线尾进行卷针缝固定（见图1）。先不断线，留着线尾用于将来的组装。

至于眼睛，儿童鞋使用直径10毫米的纽扣，成人鞋使用直径15毫米的纽扣。每一个圆片中间各缝1枚纽扣（参阅第121页缝合技巧）。

嘴巴

每只鞋子制作1片。使用CC2及3.75毫米（F）钩针片钩。

儿童鞋 – S, M, L

编织开始：起2针锁针。

第1行：（反面）从钩针往回数第2针锁针钩出3针短针（跳过的那针锁针不计为1针），翻面=3针。

第2行：（正面）立织1针锁针（不计为1针），从第1针钩出2针短针，从下一针钩出3针短针，从最后一针钩出2针短针=7针。

断线打结，预留长线尾用于缝合。

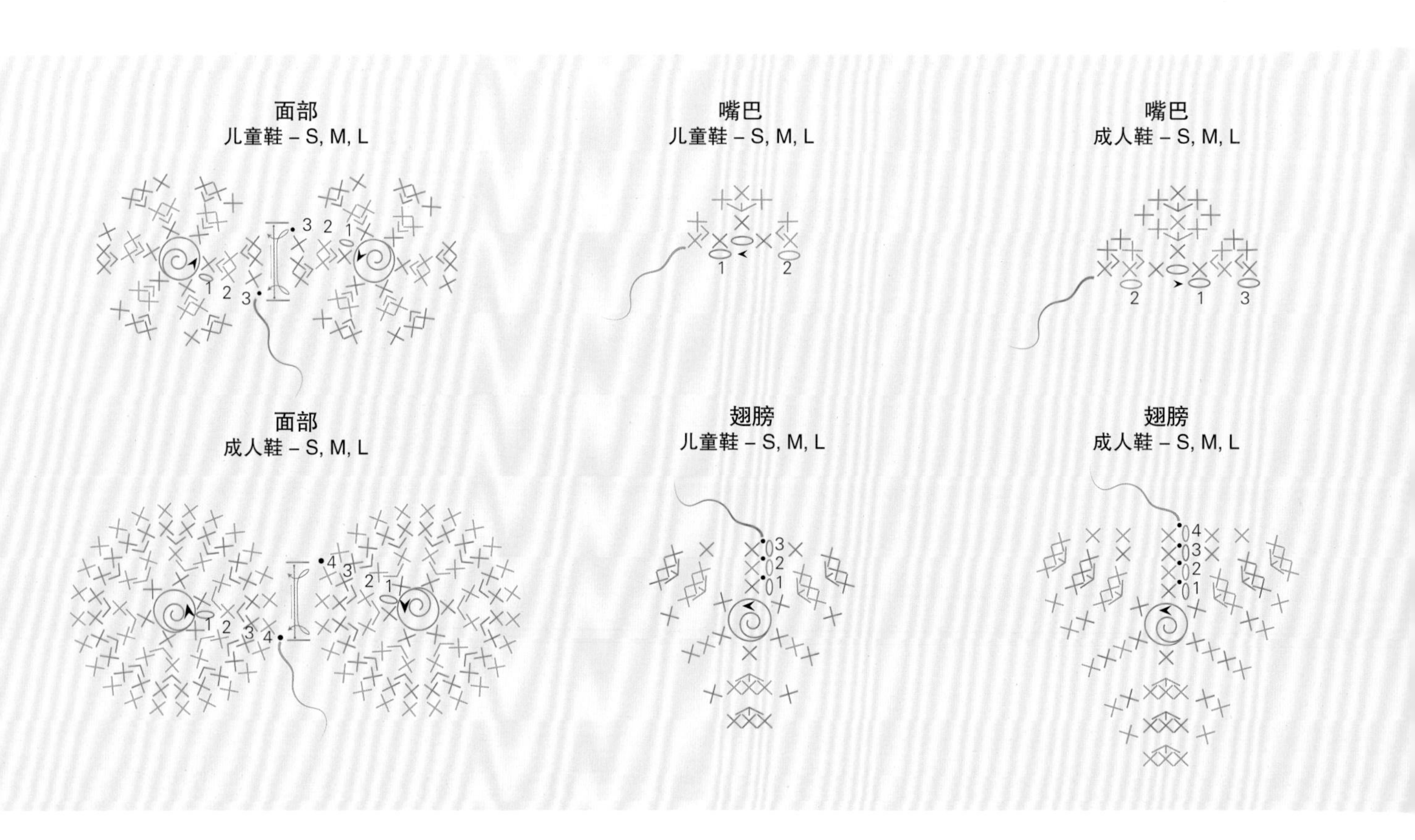

成人鞋 – S, M, L

编织开始：起2针锁针。

第1行：（正面）从钩针往回数第2针锁针钩出3针短针（跳过的那针锁针不计为1针），翻面=3针。

第2行：（反面）立织1针锁针（这一针在此行及接下来的所有行都不计为1针），从第1针钩出2针短针，从下一针钩出3针短针，从最后一针钩出2针短针；翻面=7针。

第3行：（正面）立织1针锁针，从第1针钩出2针短针，接下来的2针都钩短针，从下一针钩出3针短针，接下来的2针都钩短针，从最后一针钩出2针短针=11针。

断线打结，预留长线尾用于缝合。

翅膀

每只鞋子制作2片。使用MC及4.25毫米（G）钩针圈钩。

儿童鞋 – S, M, L

编织开始：起3针锁针，从钩针往回数第3针钩引拔针，形成一个环（或使用魔术环来起针）。

第1圈：立织1针锁针（这一针在此圈及接下来的所有圈都不计为1针），从环中钩出6针短针；引拔连接=6针。

第2圈：立织1针锁针，从引拔处的同一针钩出1针短针，从下一针钩出3针短针，[下一针钩短针，从下一针钩出3针短针]2次；引拔连接=12针。

第3圈：立织1针锁针，从引拔处的同一针钩出1针短针，下一针钩短针，从下一针钩出3针短针，[接下来的3针都钩短针，从下一针钩出3针短针]2次，最后一针钩短针；引拔连接=18针。

断线打结，预留长线尾用于缝合。

成人鞋 – S, M, L

编织开始：起3针锁针，从钩针往回数第3针钩引拔针，形成一个环（或使用魔术环来起针）。

第1~3圈：编织方法同儿童鞋。

第4圈：立织1针锁针，从引拔处的同一针钩出1针短针，接下来的2针都钩短针，从下一针钩出3针短针，[接下来的5针都钩短针，从下一针钩出3针短针]2次，接下来的2针都钩短针；引拔连接=24针。

断线打结，预留长线尾用于缝合。

完成鞋子

将面部织片定位到鞋头，利用CC1的长线尾，沿着周围以回针缝的方法将其固定到鞋头上（见图2）。断线打结，藏好线头。

将嘴巴定位到面部中间、眼睛下方，尖角朝向脚跟。使用嘴巴的CC2线尾，顶部边缘使用卷针缝固定，与面部相接的边缘使用回针缝固定，按图示中的虚线线迹，将缝针从针目的中间穿到另一侧（见图3）。保留底部的尖角不做缝合。断线打结，藏好线头。

将翅膀固定在鞋子的两侧、面部的下方。将MC线尾从第一片翅膀的针目中间穿至最近的拐角，以卷针缝的方法将顶部边缘固定（见图4）。断线打结，藏好线头。第二片翅膀也按同样的方法缝合。

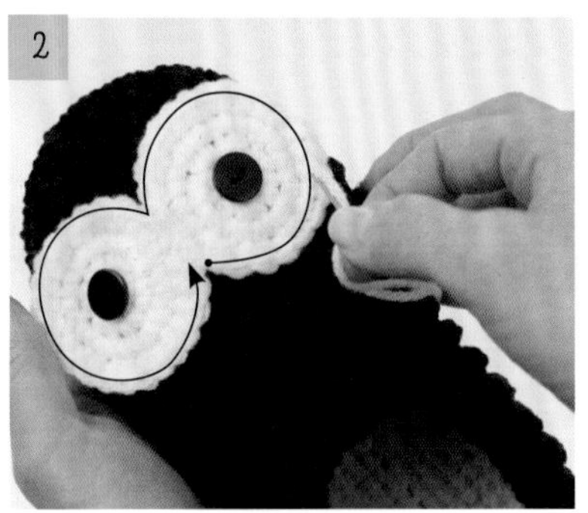

小窍门

如果想做出不同的造型，可以省略翅膀，并把嘴巴的尖角朝向脚尖方向来缝合。

活力恐龙

所有恐龙迷穿上这双活泼的三角龙拖鞋，都会觉得自己很威猛。如果你有史前恐龙朋友照顾你的脚，为它们保暖，那么待在家里是有趣和愉快的。

工具、材料和技法

线材 – 4号粗

少量MC（葱绿色）用于制作头盾，CC1（黄色）用于制作盾缘骨突，CC2（米黄色）用于制作口鼻，CC3（白色）用于制作恐龙角。

使用MC（葱绿色）钩鞋帮和外鞋底，使用CC1（黄色）钩内鞋底。

钩针

4.25毫米（G）

补充工具和材料

- 充当眼睛的纽扣：4个直径15毫米的用于儿童鞋S（M，L），4个直径20毫米的用于成人鞋S（M，L）
- 缝衣针和细线
- 毛线缝针和剪刀

钩编针法汇总

锁针，引拔针，短针，中长针，长针，外钩长针，内钩长针，短针的2针并1针，短针的3针并1针，爆米花针，引拔连接

钩编技法

片钩和圈钩，在基础锁针行的两侧编织，加针，减针，缝合

难度指数：●●●○

口鼻

每只鞋子制作1片。使用CC2及4.25毫米（G）钩针进行圈钩。

儿童鞋 – S, M, L

编织开始： 起10针锁针。

第1圈： 从钩针往回数第2针锁针钩短针（跳过的那针锁针不计为1针），接下来的7针锁针都钩短针，从最后一针锁针钩出3针短针；在基础锁针行的两侧继续编织，接下来的7针锁针都钩短针，从最后一针锁针钩出2针短针；引拔连接=20针。

第2圈： 立织1针锁针（不计为1针），从引拔处的同一针钩出2针短针，接下来的3针都钩短针，从下一针钩出3针短针，接下来的3针都钩短针，接下来的3针分别钩出2针短针，接下来的2针都钩短针，短针的3针并1针，接下来的2针都钩短针，接下来的2针分别钩出2针短针；引拔连接=26针。

断线打结，预留长线尾用于缝合。

成人鞋 – S, M, L

编织开始： 起12针锁针。

第1圈： 从钩针往回数第2针锁针钩短针（跳过的那针锁针不计为1针），接下来的9针锁针都钩短针，从最后一针锁针钩出3针短针；在基础锁针行的两侧继续编织，接下来的9针锁针都钩短针，从最后一针锁针钩出2针短针；引拔连接=24针。

第2圈： 立织1针锁针（不计为1针），从引拔处的同一针钩出2针短针，接下来的4针都钩短针，从下一针钩出3针短针，接下来的4针都钩短针，接下来的3针分别钩出2针短针，接下来的3针都钩短针，短针的3针并1针，接下来的3针都钩短针，接下来的2针分别钩出2针短针；引拔连接=30针。

断线打结，预留长线尾用于缝合。

恐龙角

每只鞋钩3个。使用CC3及4.25毫米（G）钩针片钩。

儿童鞋 – S, M, L

编织开始： 起6针锁针。

第1行：（正面）从钩针往回数第2针钩引拔针（跳过的那针锁针不计为1针），下一针锁针钩短针，接下来的2针锁针都钩中长针，最后一针锁针钩长针=5针。

断线打结，预留长线尾用于缝合。

成人鞋 – S, M, L

编织开始： 起7针锁针。

第1行：（正面）从钩针往回数第2针钩引拔针（跳过的那针锁针不计为1针），下一针锁针钩短针，接下来的2针锁针都钩中长针，接下来的2针锁针都钩长针=6针。

断线打结，预留长线尾用于缝合。

口鼻
儿童鞋 – S, M, L

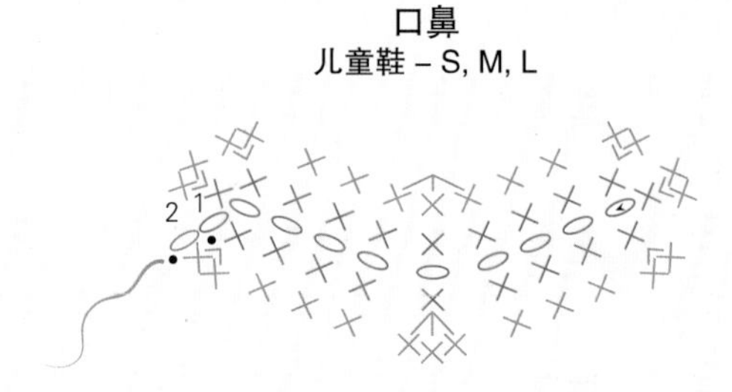

口鼻
成人鞋 – S, M, L

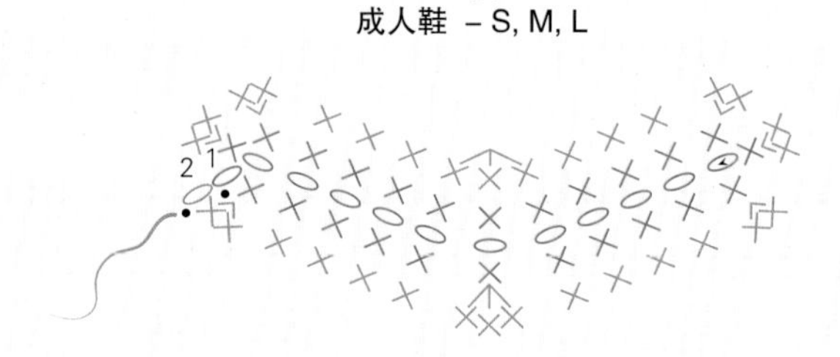

头盾

每只鞋子制作1片。使用MC及4.25毫米（G）钩针片钩。

儿童鞋 – S, M, L

编织开始： 预留长线尾用于缝合，起19针锁针。

第1行：（反面）从钩针往回数第2针锁针钩短针（跳过的那针锁针不计为1针），每一针锁针都钩短针；翻面=18针。

第2行：（正面）立织2针锁针（在本行及接下来的所有行都计为1针），第1针钩长针，［从下一针钩出1针长针，从下一针钩出2针长针］8次，最后一针钩长针；翻面=27针。

第3行：（反面）立织2针锁针，跳过第1针，［围绕下一针钩内钩长针，围绕下一针钩外钩长针］12次，围绕下一针钩内钩长针，最后一针钩长针，换成CC1；保持MC不断线，翻面=27针。

第4行：（正面）使用CC1，立织1针锁针（在本行及接下来的所有行都不计为1针），第1针钩短针，下一针钩爆米花针，［接下来的3针都钩短针，下一针钩爆米花针］6次，最后一针钩短针；翻面=7个爆米花针和20针短针。

第5行：（反面）立织1针锁针，第1针钩短针，每一针都钩短针，行末换成MC；断掉CC1并翻面=27针。

第6行：（正面）使用MC，立织2针锁针，跳过第1针，接下来的26针都钩长针，翻面=27针。

第7行：（反面）编织方法同第3行。

第8行：（正面）立织1针锁针，第1针钩短针，短针的2针并1针，［下一针钩短针，短针的2针并1针］8次=18针。

断线打结，预留长线尾用于缝合。

成人鞋 – S, M, L

编织开始： 预留长线尾用于缝合，起22针锁针。

第1行：（正面）从钩针往回数第2针锁针钩短针（跳过的那针锁针不计为1针），每一针锁针都钩短针；翻面=21针。

第2行：（反面）立织2针锁针（在本行及接下来的所有行都计为1针），跳过第1针，［从下一针钩出2针长针，从下一针钩出1针长针］10次；翻面=31针。

第3行：（正面）立织2针锁针，跳过第1针，［围绕下一针钩外钩长针，围绕下一针钩内钩长针］14次，围绕下一针钩外钩长针，最后一针钩长针；翻面=31针。

第4行：（反面）立织2针锁针，跳过第1针，［围绕下一针钩内钩长针，围绕下一针钩外钩长针］14次，围绕下一针钩内钩长针，最后一针钩长针，换成CC1；保持MC不断线，翻面=31针。

第5行：（正面）使用CC1，立织1针锁针（在本行及接下来的所有行都不计为1针），第1针钩短针，下一针钩爆米花针，［接下来的3针都钩短针，下一针钩爆米花针］7次，最后一针钩短针；翻面=8个爆米花针和23针短针。

第6行：（反面）立织1针锁针，第1针钩短针，每一针都钩短针，行末换成MC；断掉CC1并翻面=31针。

第7行：（正面）使用MC，立织2针锁针，跳过第1针，接下来的30针都钩长针，翻面=31针。

第8行：（反面）编织方法同第4行。

第9行：（正面）编织方法同第3行。

第10行：（反面）立织1针锁针，第1针钩短针，短针的2针并1针，［下一针钩短针，短针的2针并1针］9次，最后一针钩短针=21针。

恐龙角
儿童鞋 – S, M, L

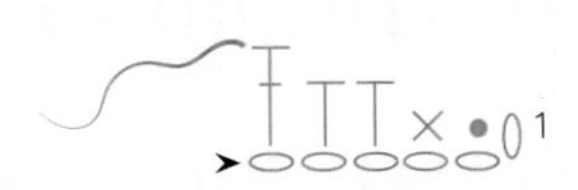

恐龙角
成人鞋 – S, M, L

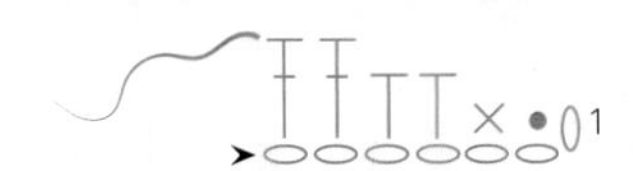

完成头盾

将头盾沿着爆米花针行对折，利用MC长线尾，以卷针缝的方法分别固定左右两条侧边（见图1）。先别断线，将线尾穿至底部边缘，以方便后续组装。

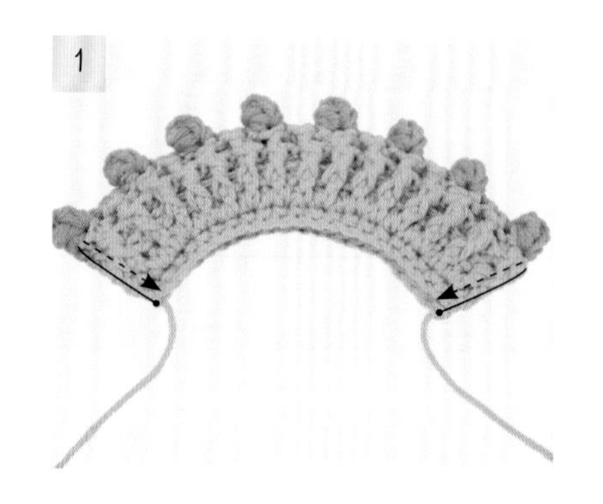

注意：

图解展示的是作品的正面视角，因而：

= 正面行钩外钩长针，反面行钩内钩长针

=正面行钩内钩长针，反面行钩外钩长针

完成鞋子

将口鼻织片定位到鞋头，利用CC2的长线尾，沿着周围以回针缝的方法将其固定到鞋头上（见图2）。断线打结，藏好线头。

将第1个恐龙角定位至口鼻区的上方中间，正好紧贴在织片的边缘。利用恐龙角的CC3长线尾，以卷针缝的方法固定底部边缘，以回针缝的方法固定其他边缘（见图2）。断线打结，藏好线头。

至于眼睛，儿童鞋用直径15毫米的纽扣，成人鞋用直径20毫米的纽扣。将纽扣缝至鞋面的左右侧（见图2），正好紧贴在口鼻区的上方（参阅第121页缝合技巧）。

将头盾织片定位到鞋面的顶部边缘，使用头盾的MC长线尾，以卷针缝顺着前后边缘进行固定（见图3）。断线打结，藏好线头。

以鞋面缝合线作为参考位置，将余下的2个角定位至头盾的前方，正对着鞋面的两侧（见图4）。分别利用两个角的长线尾，以卷针缝的方法固定底部边缘，以回针缝的方法固定其他边缘。断线打结，藏好线头。

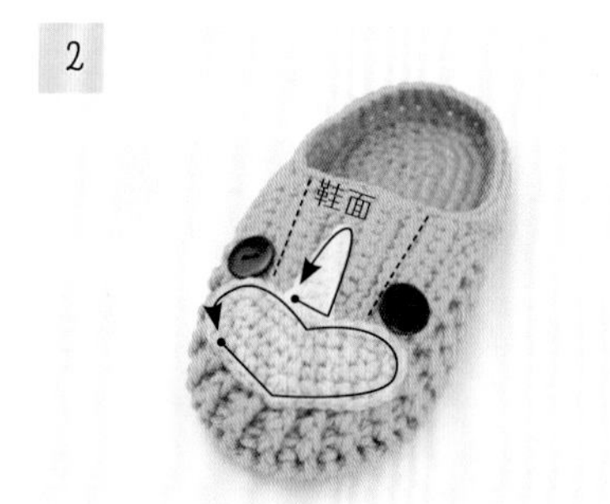

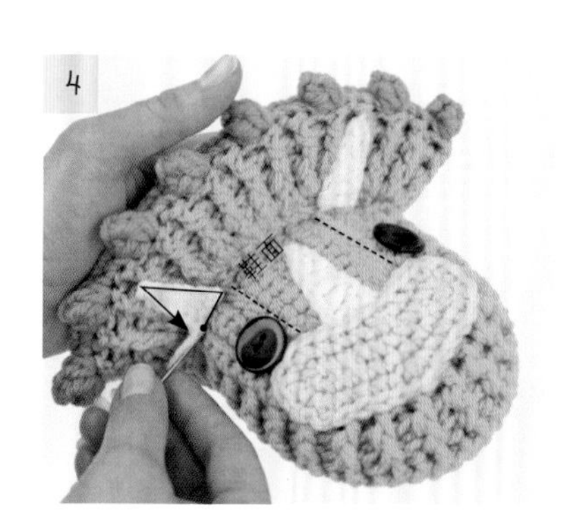

头盾
儿童鞋 – S, M, L

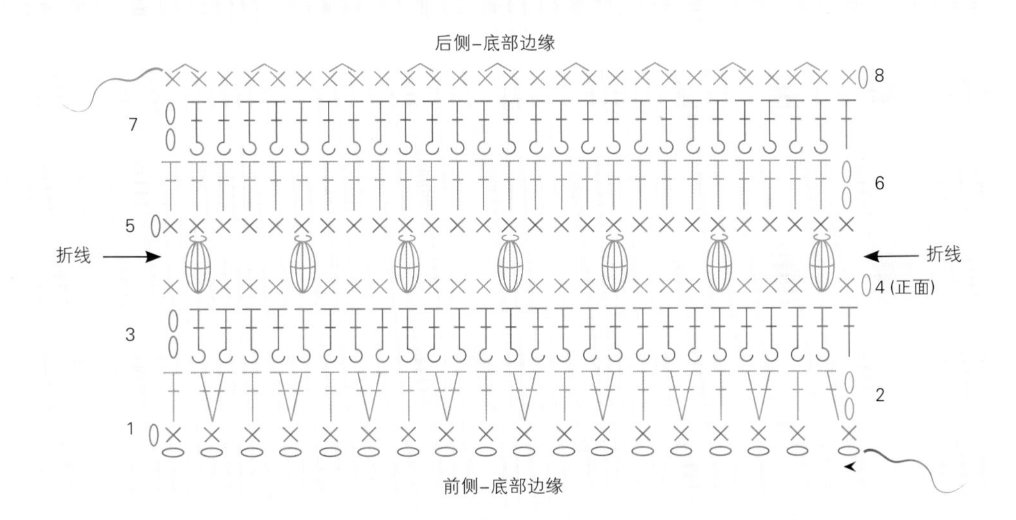

头盾
成人鞋 – S, M, L

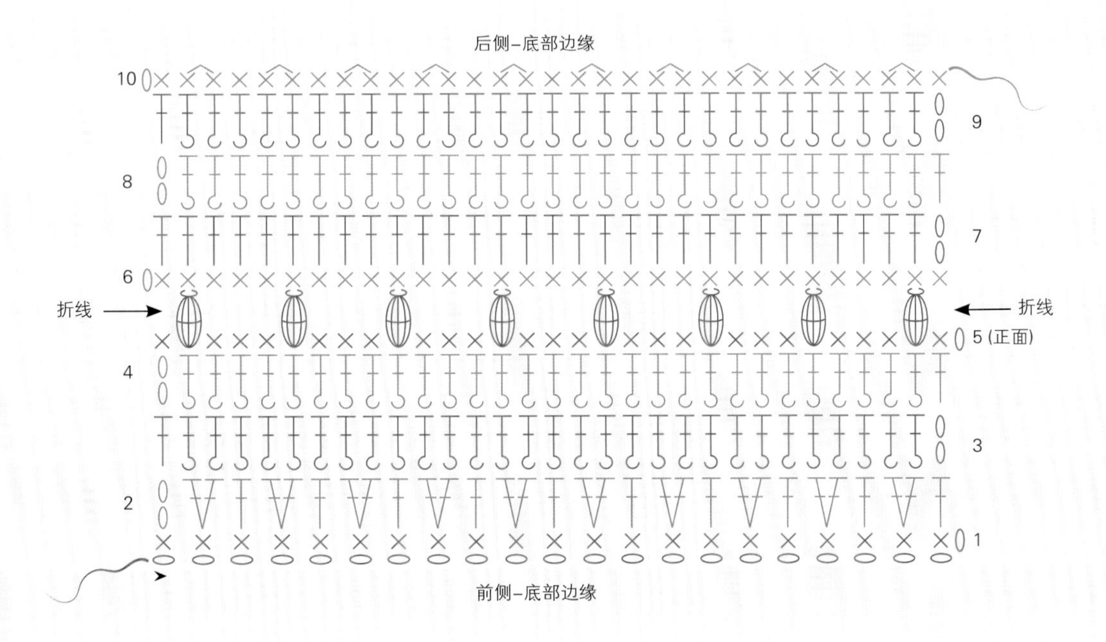

闪耀独角兽

用一点独角兽魔法来唤醒你的一天！人们都说独角兽是抓不到的，但你可以自己制作独角兽室内鞋，让你的脚温暖，眼睛闪闪发光。

工具、材料和技法

线材 – 4号粗

少量MC（白色）用于制作耳朵，CC1（亮黄色和金属黄色）用于制作角和星星，CC2（段染色）用于制作鬃毛，CC3（浅粉色）用于制作脸颊，CC4（黑色）用于制作眼睛。

使用MC（白色）钩鞋帮，CC2（段染色）钩内鞋底，用任何相配的单色线钩外鞋底。

钩针

3.75毫米（F），4.25毫米（G）

补充工具和材料

- 记号扣
- 填充棉
- 布用胶水
- 毛线缝针和剪刀

钩编针法汇总

锁针，引拔针，短针，中长针，长针，短针的2针并1针（或隐形减针），魔术环（可选），引拔连接

钩编技法

片钩和圈钩，加针，减针，缝合

难度指数：●●●○

耳朵

每只鞋子制作2片。使用MC及4.25毫米（G）钩针，从上往下螺旋圈钩。在编织的过程中每一圈的起点都用1枚记号扣做标记。

儿童鞋 – S, M, L

编织开始：起3针锁针，从钩针往回数第3针钩引拔针，形成一个环（或使用魔术环来起针）。

第1圈：立织1针锁针（不计为1针），从环中钩出5针短针；当前圈及接下来的所有圈都不做引拔连接=5针。

第2圈：从前一圈的第1针钩出2针短针，接下来的4针每针都钩2针短针=10针。

第3、4圈：此两圈的每一针都钩短针=10针。

第5圈：［接下来的4针都钩短针，从下一针钩出2针短针］2次=12针。

第6、7圈：此两圈的每一针都钩短针=12针。

第8圈：［下一针钩短针，短针的2针并1针］4次=8针。

下一针编织引拔针，断线打结，预留长线尾用于缝合。

成人鞋 – S, M, L

编织开始：起3针锁针，从钩针往回数第3针钩引拔针，形成一个环（或使用魔术环来起针）。

第1~4圈： 编织方法同儿童鞋。

第5圈：［下一针钩短针，从下一针钩出2针短针］5次=15针。

第6~8圈：此三圈的每一针都钩短针=15针。

第9圈：［下一针钩短针，短针的2针并1针］5次=10针。

下一针编织引拔针，断线打结，预留长线尾用于缝合。

鬃毛

每只鞋子制作2簇卷曲的鬃毛。使用4.25毫米（G）钩针及CC2片钩。

儿童鞋 – S, M, L

第1行：（正面）起13针锁针，从钩针往回数第2针锁针钩出2针短针（跳过的那针锁针不计为1针），接下来的11针锁针分别钩出2针短针；*不断线不翻面**=24针。

第2行：编织方法同第1行，省略*至**的编织指引。

断线打结，预留长线尾用于缝合。

成人鞋 – S, M, L

第1行：（正面）起16针锁针，从钩针往回数第2针锁针钩出2针短针（跳过的那针锁针不计为1针），接下来的14针锁针分别钩出2针短针；*不断线不翻面**=30针。

第2行：编织方法同第1行，省略*至**的编织指引。

断线打结，预留长线尾用于缝合。

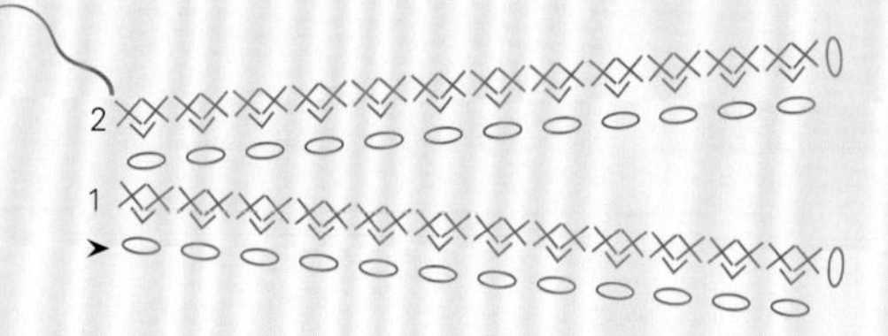

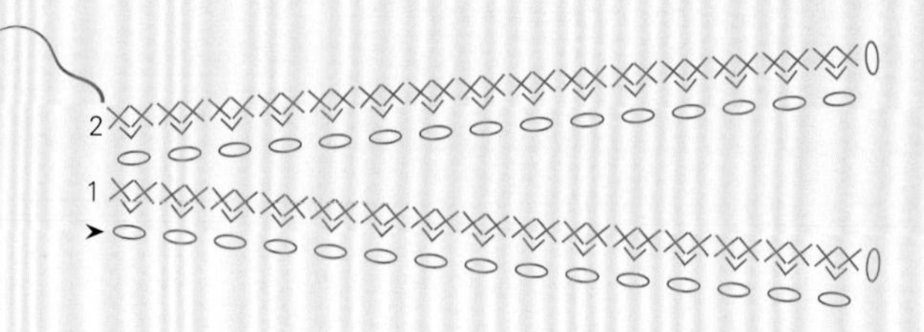

脸颊

每只鞋子制作2片。使用CC3及4.25毫米（G）钩针圈钩。

儿童鞋 – S, M, L

编织开始：起3针锁针，从钩针往回数第3针钩引拔针，形成一个环（或使用魔术环来起针）。

第1圈：立织1针锁针（不计为1针），从环中钩出8针中长针；引拔连接=8针。

断线打结，预留长线尾用于缝合。

成人鞋 – S, M, L

编织开始：起3针锁针，从钩针往回数第3针钩引拔针，形成一个环（或使用魔术环来起针）。

第1圈：立织2针锁针（不计为1针），从环中钩出12针中长针；引拔连接=12针。

断线打结，预留长线尾用于缝合。

角

每只鞋子制作1个。使用3.75毫米（F）钩针及CC1，从底部向上螺旋圈钩。在编织的过程中每一圈的起点都用1枚记号扣做标记。

儿童鞋 – S, M, L

编织开始：起12针锁针，与第1针锁针引拔连接，注意不要将锁针扭转。

第1圈：立织1针锁针（不计为1针），在引拔处的同一针钩短针，接下来的11针锁针都钩短针；当前圈及接下来的所有圈都不做引拔连接=12针。

第2圈：从前一圈的第1针钩短针，接下来的11针都钩短针=12针。

第3、4圈：此两圈的每一针都钩短针=12针。

第5圈：［接下来的2针都钩短针，短针的2针并1针］3次=9针。

第6~8圈：此三圈的每一针都钩短针=9针。

第9圈：［下一针钩短针，短针的2针并1针］3次=6针。

第10~12圈：此三圈的每一针都钩短针=6针。

第13圈：［短针的2针并1针］2次，跳过1针，最后一针钩引拔针，45针锁针=3针和45针锁针的尾巴。

断线打结，预留长线尾用于缝合。

成人鞋 – S, M, L

编织开始：起15针锁针，与第1针锁针引拔连接，注意不要将锁针扭转。

第1圈：立织1针锁针（不计为1针），在引拔处的同一针钩短针，接下来的14针锁针都钩短针；当前圈及接下来的所有圈都不做引拔连接=15针。

第2圈：从前一圈的第1针钩短针，接下来的14针都钩短针=15针。

第3、4圈：此两圈的每一针都钩短针=15针。

第5圈：［接下来的3针都钩短针，短针的2针并1针］3次=12针。

第6~8圈：此三圈的每一针都钩短针=12针。

第9圈：［接下来的2针都钩短针，短针的2针并1针］3次=9针。

第10~12圈：此三圈的每一针都钩短针=9针。

第13圈：［下一针钩短针，短针的2针并1针］3次=6针。

第14~16圈：此三圈的每一针都钩短针=6针。

第17圈：［短针的2针并1针］2次，跳过1针，最后1针钩引拔针，60针锁针=3针和60针锁针的尾巴。

断线打结，预留长线尾用于缝合。

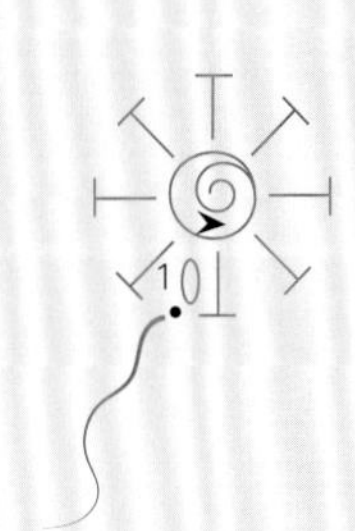

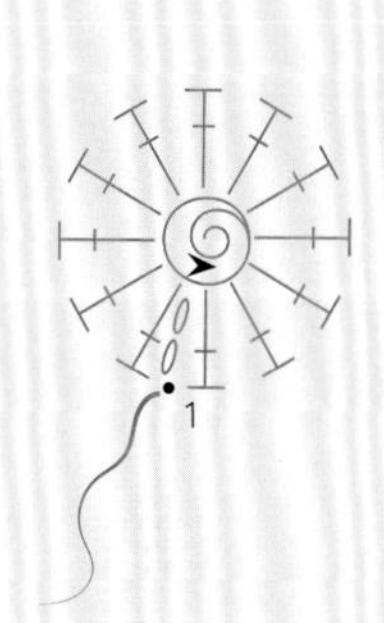

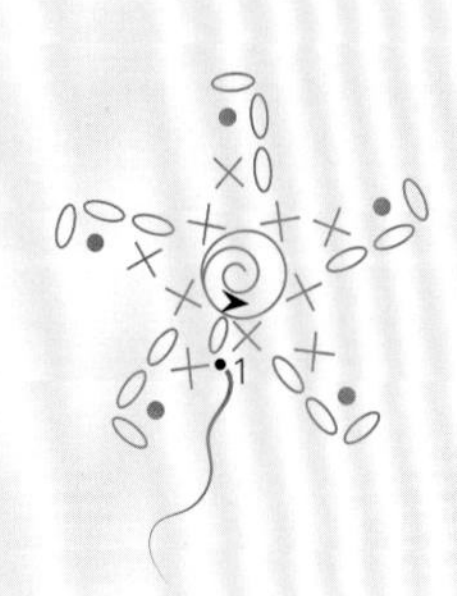

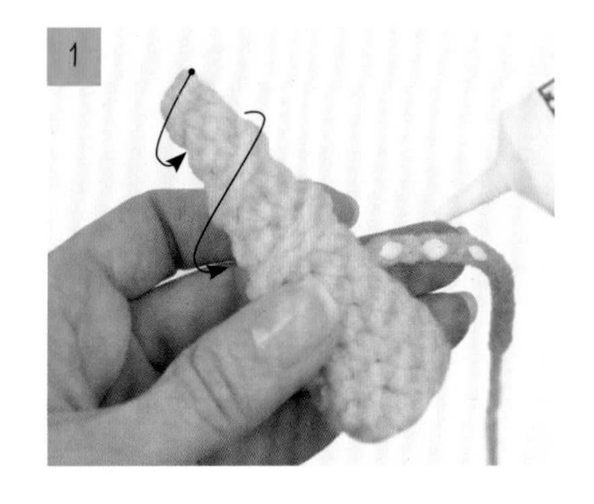

完成角

使用小棍或剪刀的尖头将填充棉推进角内，使之填充得紧实。

将长长的锁针尾巴以螺旋方向从上往下缠绕在角的外侧，同时用布用胶水涂在锁针的反面进行固定（见图1）。粘到底部边缘后，将锁针的末端用记号扣进行固定，等待胶水干透（见图2）。

注意：
一定要先查阅胶水的使用说明，在使用前先对布用胶水进行测试。

星星

每只鞋子制作1片。使用CC1圈钩，儿童鞋使用3.75毫米（F）钩针，成人鞋使用4.25毫米（G）钩针。

编织开始：起3针锁针，从钩针往回数第3针钩引拔针，形成一个环（或使用魔术环来起针）。

第1圈：立织1针锁针（不计为1针），［从环中钩出1针短针，3针锁针，从钩针往回数第2针钩引拔针，下一针锁针钩短针］5次；引拔连接=5个星星的角。

断线打结，预留长线尾用于缝合。

小窍门

制作闪亮的星星时，可使用2股或3股金属线合股来钩编。

完成鞋子

将脸颊织片定位到鞋子的两侧，距离鞋面弧线大约一行的位置（见图3）。使用脸颊织片的CC3长线尾，沿着周围以回针缝的方法将其固定到鞋子上。断线打结，藏好线头。

用毛线缝针穿起CC4，在脸颊织片的上方绣上微笑的眼睛（参阅第121页缝合技巧），让内眼角紧贴着鞋面的缝合线（见图4）。断线打结，藏好线头。

将角定位在鞋面边缘的中间，使用角的CC1长线尾，沿着周围以卷针缝的方法将其固定到鞋子上（见图5）。断线打结，藏好线头。

将耳朵定位到角的两侧，分别使用耳朵的MC长线尾，使用卷针缝的方法，沿着底部边缘将其固定到鞋子上（见图6和图7）。断线打结，藏好线头。

至于鬃毛，将第1簇带有2个小卷的鬃毛定位到耳朵前，利用CC2长线尾，使用卷针缝的方法沿着粗糙的边缘缝到角上（见图8）。断线打结，藏好线头。

将第2簇带有2个小卷的鬃毛定位到耳朵后，利用CC2长线尾，使用卷针缝的方法沿着粗糙的边缘缝到鞋子上（见图9）。断线打结，藏好线头。

将星星定位到没有鬃毛的那侧耳朵附近，耳前或耳后均可。利用星星的CC1长线尾，使用回针缝的方法，环绕底部边缘将每个角固定，要保持五角星的每个角漂亮又尖利（见图10）。断线打结，藏好线头。

第2只鞋子也用同样的方法进行修饰，注意鬃毛和星星的位置要对称。

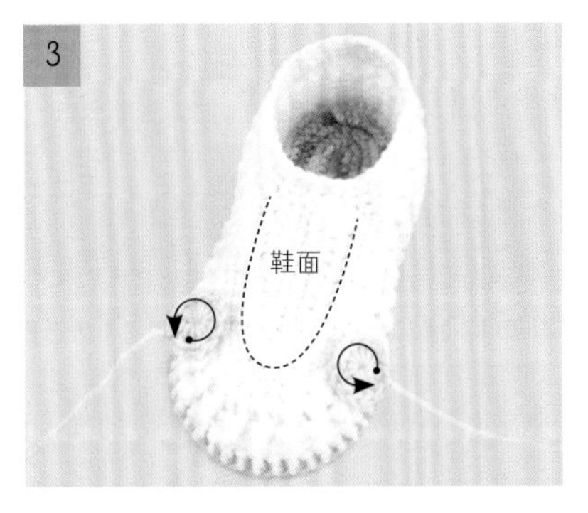

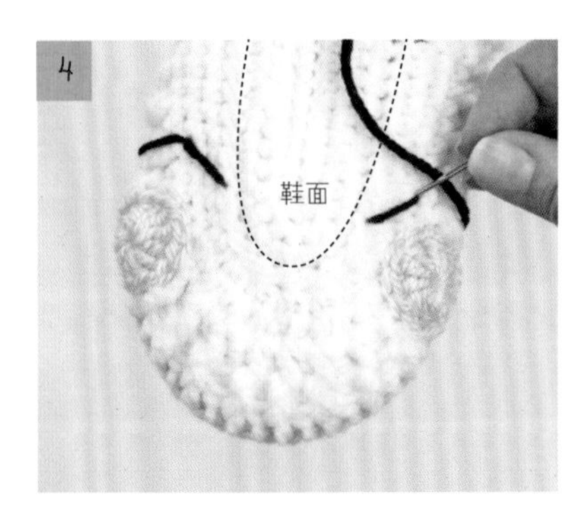

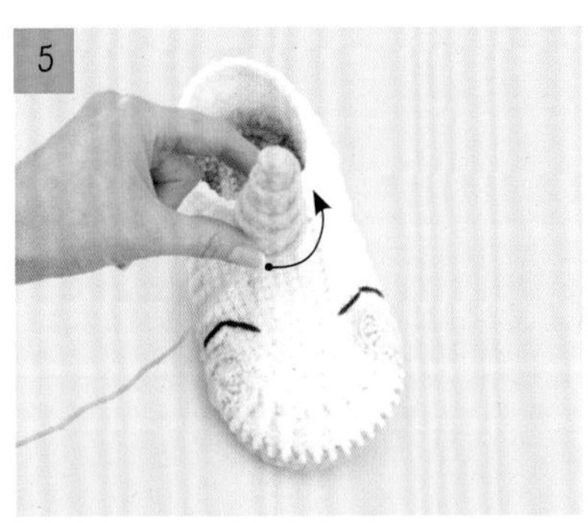

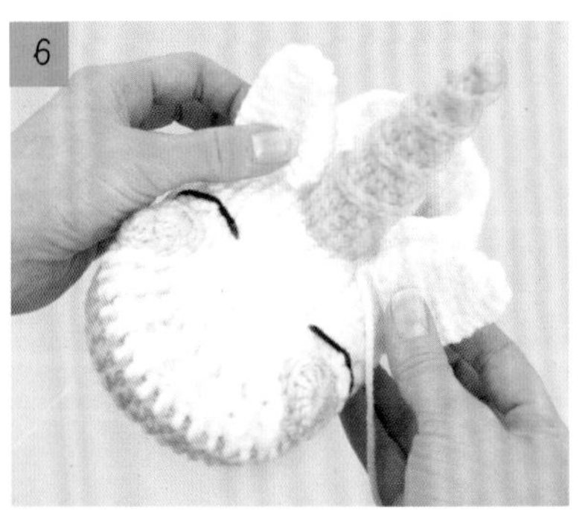

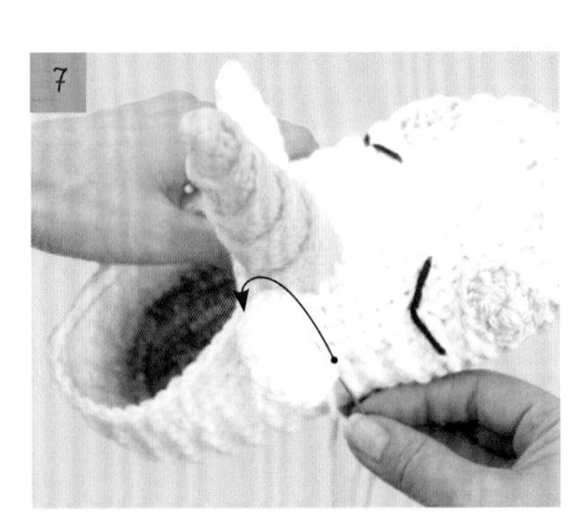

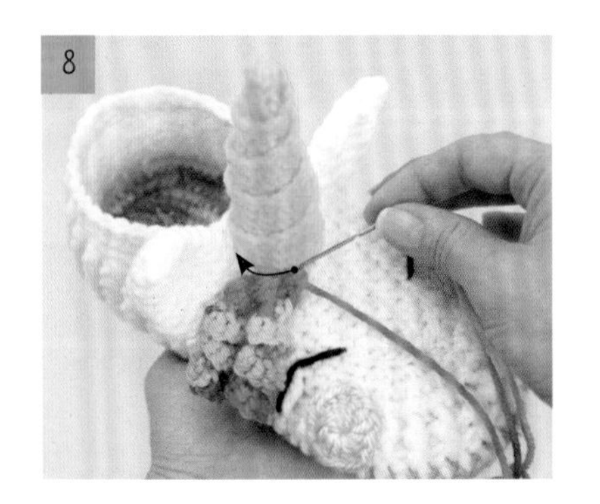

摇滚熊猫

一些熊猫安静害羞，而另一些则是摇滚明星。你可以制作传统的熊猫造型，也可以在眼部使用星星补丁来增加一些魅力，让它们成为让你满足的舒适室内鞋。

工具、材料和技法

线材 – 4号粗

少量CC1（黑色）用于制作耳朵、补丁和鼻子。

使用MC（白色）钩鞋帮，使用CC1（黑色）钩内鞋底和外鞋底。

钩针

4.25毫米（G）

补充工具和材料

- 记号扣
- 充当眼睛的纽扣：4个直径10毫米的用于儿童鞋S（M，L），4个直径15毫米的用于成人鞋S（M，L）
- 用于衬托眼睛的白色手工毛毡
- 缝衣针和细线
- 毛线缝针和剪刀

钩编针法汇总

锁针，引拔针，短针，中长针，长针，短针的2针并1针（或隐形减针），魔术环（可选），引拔连接

钩编技法

片钩和圈钩，在基础锁针行的两侧编织，加针，减针，缝合

难度指数：●●○○

耳朵

每只鞋子制作2片。使用CC1及4.25毫米（G）钩针从上往下螺旋圈钩。在编织的过程中每一圈的起点都用1枚记号扣做标记。

儿童鞋 – S, M, L

编织开始：起3针锁针，从钩针往回数第3针钩引拔针，形成一个环（或使用魔术环来起针）。

第1圈：立织1针锁针（不计为1针），从环中钩出6针短针；当前圈及接下来的所有圈都不做引拔连接=6针。

第2圈：从前一圈的第1针钩出2针短针，接下来的5针都钩出2针短针=12针。

第3、4圈：此两圈的每一针都钩短针=12针。

第5圈：［下一针钩短针，短针的2针并1针］4次=8针。

下一针编织引拔针，断线打结，预留长线尾用于缝合。

成人鞋 – S, M, L

编织开始：起3针锁针，从钩针往回数第3针钩引拔针，形成一个环（或使用魔术环来起针）。

第1、2圈： 编织方法同儿童鞋。

第3圈：［接下来的3针都钩短针，从下一针钩出2针短针］3次=15针。

第4、5圈：此两圈的每一针都钩短针=15针。

第6圈：［下一针钩短针，短针的2针并1针］5次=10针。

下一针编织引拔针，断线打结，预留长线尾用于缝合。

卵形补丁

摇滚版熊猫制作1片，传统版熊猫制作2片。使用CC1及4.25毫米（G）钩针圈钩。

儿童鞋 – S, M, L

编织开始：起5针锁针。

第1圈：从钩针往回数第2针锁针钩短针（跳过的那针锁针不计为1针），下一针锁针钩短针，下一针锁针钩中长针，最后一针锁针钩4针中长针；在基础锁针行的两侧继续编织，下一针锁针钩中长针，下一针锁针钩短针，从最后一针锁针钩出2针短针；引拔连接=11针。

断线打结，预留长线尾用于缝合。

成人鞋 – S, M, L

编织开始：起6针锁针。

第1圈：从钩针往回数第2针锁针钩短针（跳过的那针锁针不计为1针），接下来的2针锁针都钩中长针，下一针锁针钩长针，从最后一针锁针钩出6针长针；在基础锁针行的两侧继续编织，下一针锁针钩长针，接下来的2针锁针都钩中长针，从最后一针锁针钩出2针短针；引拔连接=15针。

断线打结，预留长线尾用于缝合。

星形补丁

摇滚版熊猫制作1片，传统版熊猫则省略。使用CC1及4.25毫米（G）钩针圈钩。

儿童鞋 – S, M, L

编织开始：起3针锁针，从钩针往回数第3针钩引拔针，形成一个环（或使用魔术环来起针）。

第1圈：立织1针锁针（不计为1针），［从环中钩出1针短针，3针锁针，从钩针往回数第2针钩引拔针，下一针锁针钩短针］5次；引拔连接=5个尖角。

断线打结，预留长线尾用于缝合。

成人鞋 – S, M, L

编织开始：起3针锁针，从钩针往回数第3针钩引拔针，形成一个环（或使用魔术环来起针）。

第1圈：立织1针锁针（不计为1针），从环中钩出5针短针；引拔连接=5针。

第2圈：跳过引拔处的那一针，［起4针锁针，从钩针往回数第2针钩引拔针，下一针锁针钩短针，下一针锁针钩中长针，在此圈的下一针编织引拔针］5次=5个尖角。

断线打结，预留长线尾用于缝合。

卵形补丁
儿童鞋 – S, M, L

卵形补丁
成人鞋 – S, M, L

星形补丁
儿童鞋 – S, M, L

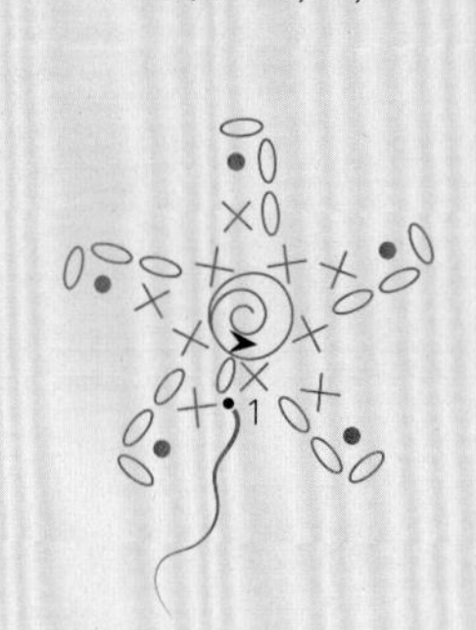

星形补丁
成人鞋 – S, M, L

完成鞋子

关于眼睛，儿童鞋使用直径10毫米的纽扣，成人鞋使用直径15毫米的纽扣，在每一枚纽扣下方垫上白色手工毛毡以衬托眼睛。将眼睛缝在卵形补丁的窄端或星形补丁的中间（参阅第121页缝合技巧）。

以鞋面缝合线作为参考位置，将眼睛的补丁定位到鞋面弧线的两侧（见图1）。你可以使用2片卵形补丁制作传统熊猫，也可以使用1片卵形补丁和1片星形补丁制作摇滚熊猫。你还可以2只鞋子分别使用不同的补丁，制作出一双独一无二的室内鞋。

利用CC1长线尾，沿着每一块补丁的周围使用回针缝的方法将其固定在鞋子上（见图2和图3）。缝星形补丁的时候，每个拐角都要停下来以卷针缝的方法固定，以保持尖角漂亮又尖利。断线打结，藏好线头。

用毛线缝针穿起CC1，在两个补丁之间绣出一个T形的鼻子（见图4），主体位置刚好在鞋面弧线的上方（参阅第121页缝合技巧）。断线打结，藏好线头。

把耳朵压平，保持开口朝下，将它们固定在鞋子的两侧，距离鞋面缝合线大约一行的位置（见图5）。

使用CC1长线尾，沿着每只耳朵的底部边缘做卷针缝（见图6）。断线打结，藏好线头。

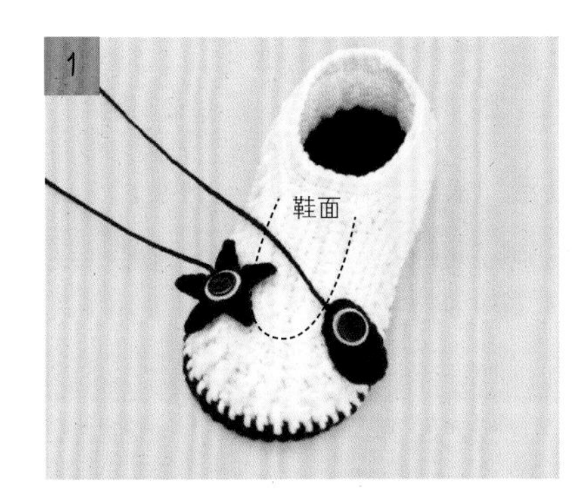

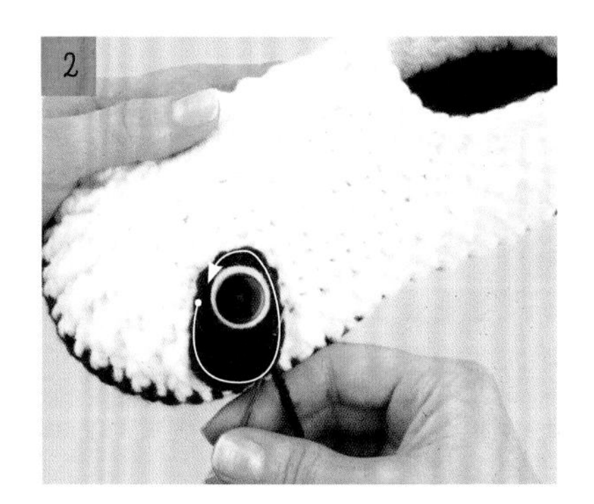

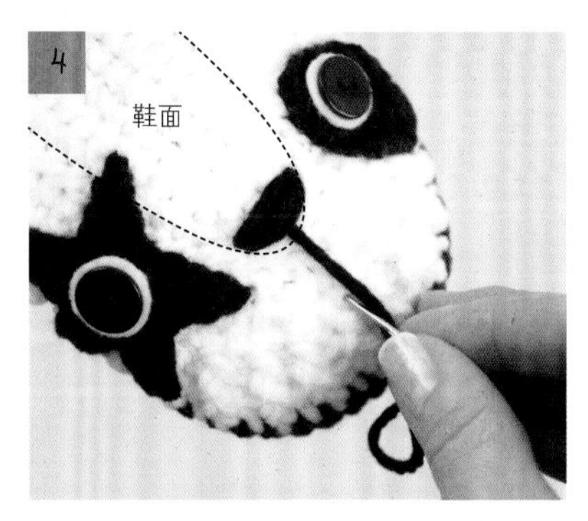

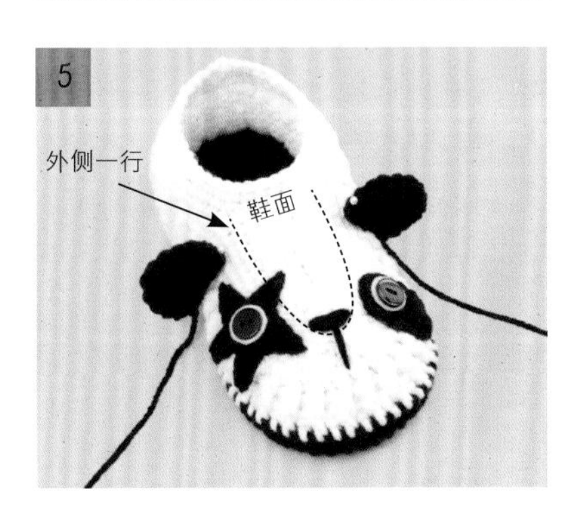

贪睡考拉

众所周知，长时间的睡眠对考拉来说是必不可少的。这款可爱的考拉拖鞋会让你在享受甜蜜午睡的时候，像一只被毛毯包裹的小虫一样舒适。

工具、材料和技法

线材 – 4号粗

少量MC（浅灰色）用于制作外耳，CC1（黑色）用于制作鼻子，CC2（白色或浅粉色）用于制作内耳。

使用MC（浅灰色）钩鞋帮和外鞋底，使用CC2（白色或浅粉色）钩内鞋底。

钩针

4.25毫米（G）

补充工具和材料

- 充当眼睛的纽扣：4个直径10毫米的用于儿童鞋S（M，L），4个直径15毫米的用于成人鞋S（M，L）
- 缝衣针和细线
- 毛线缝针和剪刀

钩编针法汇总

锁针，引拔针，短针，中长针，魔术环（可选），引拔连接

钩编技法

片钩和圈钩，在基础锁针行的两侧编织，加针，缝合

难度指数：●○○○

耳朵

每只鞋子制作2片。使用4.25毫米（G）钩针片钩。

儿童鞋 – S, M, L

内耳：
每只耳朵使用CC2钩1片内耳。

编织开始：起3针锁针，从钩针往回数第3针钩引拔针，形成一个环（或使用魔术环来起针）。

第1行：立织1针锁针（这一针在此行及接下来的所有行都不计为1针），从环中钩出4针短针；翻面=4针。

第2行：立织1针锁针，从第1针钩出2针短针，从接下来的3针分别钩出2针短针；翻面=8针。

第3行：立织1针锁针，从第1针钩出2针短针，下一针钩短针，［从下1针钩出2针短针，下一针钩短针］3次=12针。

断线打结，藏好线头。

外耳：
每只耳朵使用MC钩1片外耳。编织方法同内耳钩法，但是不要断线。翻面，下一行准备连接内外耳。

连接行：
将内耳放在外耳的上面，2片织片反面朝里相对，下一行使用外耳片的线尾，同时穿过2片织片来编织。

第4行：（正面）立织1针锁针，每一针都钩短针=12针。

断线打结，预留长线尾用于缝合。

成人鞋 – S, M, L

内耳：
每只耳朵使用CC2钩1片内耳。

编织开始：起3针锁针，从钩针往回数第3针钩引拔针，形成一个环（或使用魔术环来起针）。

第1~3行：编织方法同儿童鞋。翻面。

第4行：立织1针锁针，从第1针钩出2针短针，接下来的2针都钩短针，［从下一针钩出2针短针，接下来的2针都钩短针］3次=16针。

断线打结，藏好线头。

外耳：
每只耳朵使用MC钩1片外耳。编织方法同内耳钩法，但是不要断线。翻面，下一行准备连接内外耳。

连接行：
将内耳放在外耳的上面，2片织片反面朝里相对，下一行使用外耳片的线尾，同时穿过2片织片来编织。

第5行：（正面）立织1针锁针，每一针都钩短针=16针。

断线打结，预留长线尾用于缝合。

鼻子

每只鞋子制作1片。使用CC1及4.25毫米（G）钩针圈钩。

儿童鞋 – S, M, L

编织开始：起5针锁针。

第1圈：从钩针往回数第2针锁针钩中长针（跳过的那针锁针不计为1针），接下来的2针锁针都钩中长针，最后一针锁针钩4针中长针；在基础锁针行的两侧继续编织，接下来的2针锁针都钩中长针，最后一针锁针钩3针中长针；引拔连接=12针。

断线打结，预留长线尾用于缝合。

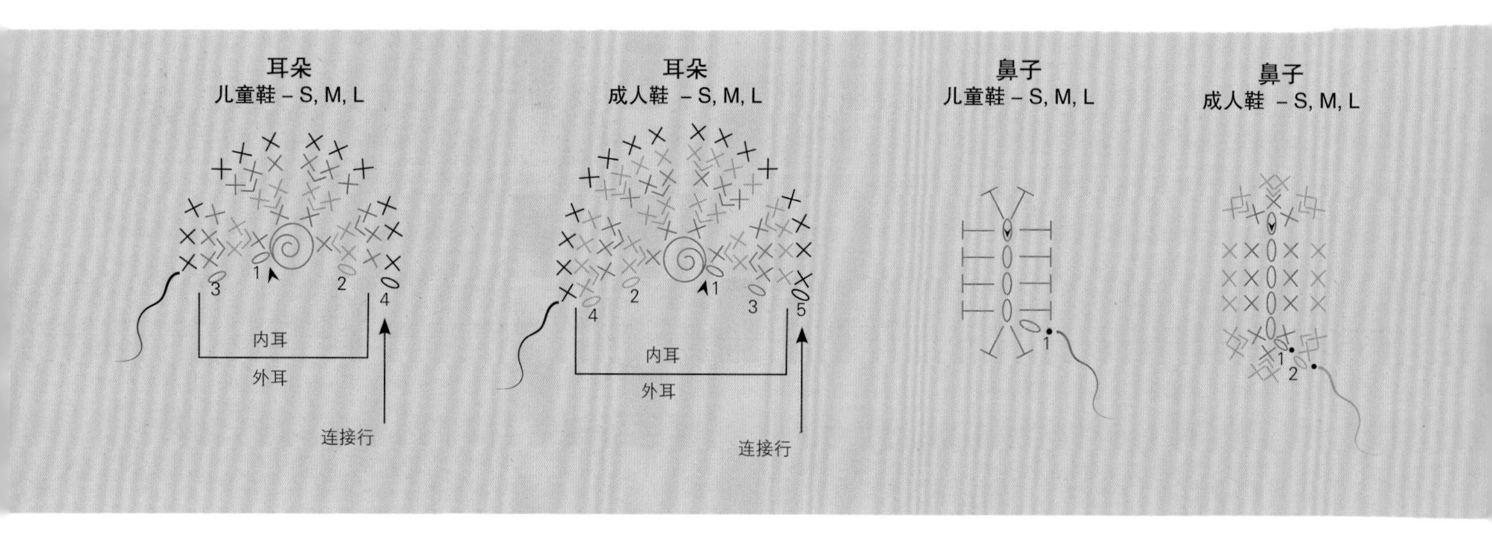

成人鞋 – S, M, L

编织开始： 起6针锁针。

第1圈： 从钩针往回数第2针锁针钩短针（跳过的那针锁针不计为1针），接下来的3针锁针都钩短针，从最后一针锁针钩出3针短针；在基础锁针行的两侧继续编织，接下来的3针锁针都钩短针，从最后一针锁针钩出2针短针；引拔连接=12针。

第2圈： 立织1针锁针（不计为1针），从引拔处的同一针钩出2针短针，接下来的3针都钩短针，接下来的3针分别钩出2针短针，接下来的3针都钩短针，接下来的2针分别钩出2针短针；引拔连接=18针。

断线打结，预留长线尾用于缝合。

完成鞋子

将鼻子定位到鞋头，使用CC1长线尾，沿着周围以回针缝的方法将其固定到鞋子上（见图1）。断线打结，藏好线头。

至于眼睛，儿童鞋使用直径10毫米的纽扣，成人鞋使用直径15毫米的纽扣。将纽扣分别缝在鞋面缝合线的两侧（见图2），使它们与鼻子顶部平齐（参阅第121页缝合技巧）。

将耳朵微微倾斜地定位在鞋子两侧，注意耳朵顶部距离鞋面缝合线大约2行（见图2）。分别使用耳朵的MC长线尾，对耳朵的底部边缘做卷针缝（见图3）。断线打结，藏好线头。

至于毛发，准备3捆MC，每一捆由5根线组成：将线在4根手指上绕5圈，然后将绕出来的线从一侧剪开（1捆毛发完成）。

将钩针穿入鞋面的中央行，钩住对折的一捆毛线拉出，形成一个线环（见图4）。将线尾从线环中拉出，并抽紧（第1束流苏完成）。第2和第3束流苏以同样的方法完成，位置分别在第1束流苏的两侧。按理想的毛发长度来修剪线尾（见图5）。

1

2

3

4

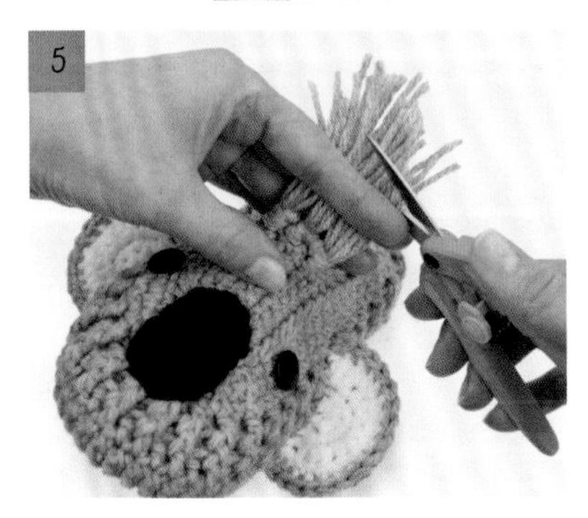
5

青苔树懒

不着急，不担心，柔和，镇静，放松，就像那只在树上长出青苔的树懒。当你喝一杯桉树茶的时候，这双舒适的树懒室内鞋会帮你保持温暖和平静。

工具、材料和技法

线材－4号粗

少量CC1（浅褐色）用于制作面部，CC2（咖啡色）用于制作眼部补丁，CC3（绿色）钩系带。

使用MC（褐灰色）或其他接近泥土的中性色钩鞋帮和外鞋底，使用CC1（浅褐色）钩内鞋底。

钩针

4.25毫米（G）

补充工具和材料

- 4枚木质手工串珠用在系带上，直径大约10毫米
- 毛线缝针和剪刀

钩编针法汇总

锁针，引拔针，短针，引拔连接

钩编技法

片钩和圈钩，在基础锁针行的两侧编织，加针，缝合

难度指数：●○○○

面部

每只鞋子制作1片。使用CC1及4.25毫米（G）钩针圈钩。

儿童鞋 – S, M, L

编织开始： 起8针锁针。

第1圈： 从钩针往回数第2针锁针钩短针（跳过的那针锁针不计为1针），接下来的5针锁针都钩短针，从最后一针锁针钩出3针短针；在基础锁针行的两侧继续编织，接下来的5针锁针都钩短针，从最后一针锁针钩出2针短针；引拔连接=16针。

第2圈： 立织1针锁针（这一针在此圈及接下来的所有圈都不计为1针），从引拔处的同一针钩出2针短针，接下来的5针都钩短针，接下来的3针分别钩出2针短针，接下来的5针都钩短针，接下来的2针分别钩出2针短针；引拔连接=22针。

第3圈： 立织1针锁针，从引拔位置的同一针钩短针，从下一针钩出2针短针，接下来的5针都钩短针，［下一针钩短针，从下一针钩出2针短针］3次，接下来的5针都钩短针，［下一针钩短针，从下一针钩出2针短针］2次；引拔连接=28针。

断线打结，预留长线尾用于缝合。

成人鞋 – S, M, L

编织开始： 起8针锁针。

第1~3圈： 编织方法同儿童鞋。

第4圈： 立织1针锁针，从引拔处的同一针钩出2针短针，接下来的7针都钩短针，［从下一针钩出2针短针，接下来的2针都钩短针］3次，接下来的5针都钩短针，［从下一针钩出2针短针，接下来的2针都钩短针］2次；引拔连接=34针。

断线打结，预留长线尾用于缝合。

眼部补丁

每只鞋子制作2片。使用CC2及4.25毫米（G）钩针圈钩。

儿童鞋 – S, M, L

编织开始： 起6针锁针。

第1圈： 从钩针往回数第2针锁针钩短针（跳过的那针锁针不计为1针），接下来的3针锁针都钩短针，从最后一针锁针钩出3针短针；在基础锁针行的两侧继续编织，接下来的3针锁针都钩短针，从最后一针锁针钩出2针短针；引拔连接=12针。

断线打结，预留长线尾用于缝合。

成人鞋 – S, M, L

编织开始： 起5针锁针。

第1圈： 从钩针往回数第2针锁针钩短针（跳过的那针锁针不计为1针），接下来的2针锁针都钩短针，从最后一针锁针钩出3针短针；在基础锁针行的两侧继续编织，接下来的2针锁针都钩短针，从最后一针锁针钩出2针短针；引拔连接=10针。

第2圈： 立织1针锁针（不计为1针），从引拔处的同一针钩出2针短针，接下来的2针都钩短针，接下来的3针分别钩出2针短针，接下来的2针都钩短针，接下来的2针分别钩出2针短针；引拔连接=16针。

断线打结，预留长线尾用于缝合。

系带

每只鞋子制作2条（可选）。使用4.25毫米（G）钩针和CC3制作。

- 用于儿童鞋S（M，L）：钩30针锁针。
- 用于成人鞋S（M，L）：钩35针锁针。

断线打结，预留长线尾用于缝合。在锁针的起点添加木质串珠，并打一个紧实的结来固定串珠。剪掉锁针起点的线头。

注意：
如果是给很小的孩子制作的鞋子，则不要使用串珠。

面部
儿童鞋 – S, M, L

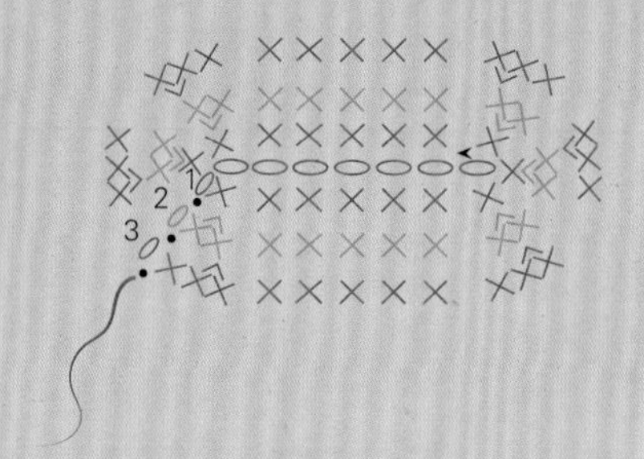

面部
成人鞋 – S, M, L

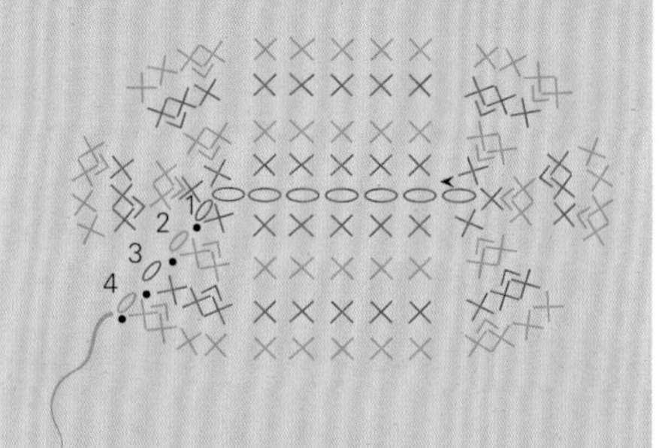

眼部补丁
儿童鞋 – S, M, L

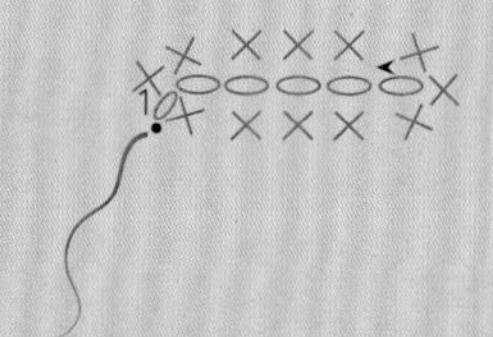

眼部补丁
成人鞋 – S, M, L

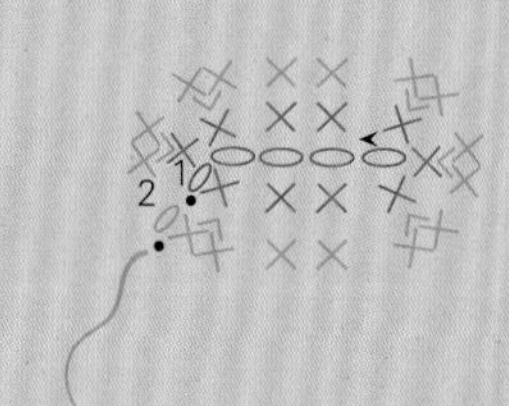

完成鞋子

用毛线缝针穿起CC2，在面部中间的3针做3~4次卷针缝，形成鼻子（见图1）。断线打结，藏好线头。

将面部定位在鞋头，使用面部的CC1长线尾，沿着周围以回针缝的方法将其固定到鞋头上（见图1）。断线打结，藏好线头。

用毛线缝针穿起CC1，分别在眼部补丁的中间横着绣出嗜睡的眼睛（参阅第121页缝合技巧）。断线打结，藏好线头。

将眼部补丁定位在面部的两侧，位置从面部的中央圈向两侧倾斜（见图2）。使用眼部补丁的CC2长线尾，环绕一圈用回针缝的方法进行固定（见图3）。断线打结，藏好线头。

至于系带，使用CC3长线尾以卷针缝的方法固定2~3针锁针，将其固定在鞋子的两侧（见图4）。断线打结，藏好线头。穿的时候系成蝴蝶结。

注意：
如果是给很小的孩子制作的鞋子，将系好的蝴蝶结缝在鞋上固定。

小窍门

如果想要不同的造型，可将面部倒过来缝在鞋上，这样你的青苔树懒的脸就会朝向你了。

优雅小象

小象是所有动物中最可爱的！它们爱嬉戏、优雅。做一双小象室内鞋来温暖你的脚和你的心。

工具、材料和技法

线材－4号粗

少量MC（浅灰色）用于制作耳朵、象鼻和毛发。

使用MC（浅灰色）钩鞋帮和外鞋底，使用CC（白色）钩内鞋底。

钩针

3.75毫米（F），4.25毫米（G），5毫米（H）

补充工具和材料

- 记号扣
- 充当眼睛的纽扣：4个直径15毫米的用于儿童鞋S（M，L），4个直径20毫米的用于成人鞋S（M，L）
- 缝衣针和细线
- 毛线缝针和剪刀

钩编针法汇总

锁针，引拔针，短针，中长针，长针，狗牙针，贝壳针，锁针弧，引拔连接

钩编技法

片钩和圈钩，加针，缝合

难度指数：●●○○

耳朵

每只鞋子制作2片。使用MC片钩，儿童鞋使用3.75毫米（F）钩针，成人鞋使用5毫米（H）钩针。

编织开始：起2针锁针。

第1行：（正面）从钩针往回数第2针锁针钩3针短针（跳过的那针锁针不计为1针），翻面=3针。

第2行：（反面）立织1针锁针（这一针在此行及接下来的所有行都不计为1针），从第1针钩出2针短针，接下来的2针分别钩出2针短针；翻面=6针。

第3行：（正面）立织1针锁针，从第1针钩出2针短针，下一针钩短针，［从下一针钩出2针短针，下一针钩短针］2次；翻面=9针。

第4行：（反面）立织2针锁针（计为1针长针），从第1针钩长针，［3针锁针，跳过1针，从下一针钩出2针长针，从下一针钩出1针长针］2次，3针锁针，跳过1针，从最后一针钩出2针长针；翻面=10针和3个锁针弧。

第5行：（正面）跳过2针长针，从下一个锁针弧里钩出1针*贝壳针，［跳过1针，下一针编织引拔针，跳过1针，从下一个锁针弧里钩出1针贝壳针］2次，跳过1针，最后一针编织引拔针=3针贝壳针。

注意：
*贝壳针=［2针长针，狗牙针］3次，1针长针

断线打结，预留长线尾用于缝合。

象鼻

每只鞋子制作1片。使用MC及4.25毫米（G）钩针，从底部向上螺旋圈钩。在编织的过程中每一圈的起点都用1枚记号扣做标记。

儿童鞋 – S, M, L

编织开始：起10针锁针，与第1针锁针引拔连接，注意不要将锁针扭转。

第1圈：立织1针锁针（不计为1针），从环中的每一针锁针钩出1针短针；当前圈及接下来的所有圈都不做引拔连接=10针。

第2圈：从前一圈的第1针钩短针，接下来的9针都钩短针=10针。

第3~9圈：接下来的3针都钩短针，接下来的4针都钩中长针，接下来的3针都钩短针=10针。

第10圈：此圈的每一针都钩出2针短针=20针。

第11圈：此圈的每一针都钩短针=20针。

下一针编织引拔针，断线打结，预留长线尾用于缝合。

成人鞋 – S, M, L

编织开始：起12针锁针。与第1针锁针引拔连接，注意不要将锁针扭转。

第1圈：立织1针锁针（不计为1针），从环中的每一针锁针钩出1针短针；当前圈及接下来的所有圈都不做引拔连接=12针。

第2圈：从前一圈的第1针钩短针，接下来的11针都钩短针=12针。

第3~10圈：接下来的3针都钩短针，接下来的6针都钩中长针，接下来的3针都钩短针=12针。

第11圈：此圈的每一针都钩出2针短针=24针。

第12圈：此圈的每一针都钩短针=24针。

下一针编织引拔针，断线打结，预留长线尾用于缝合。

耳朵
所有尺寸

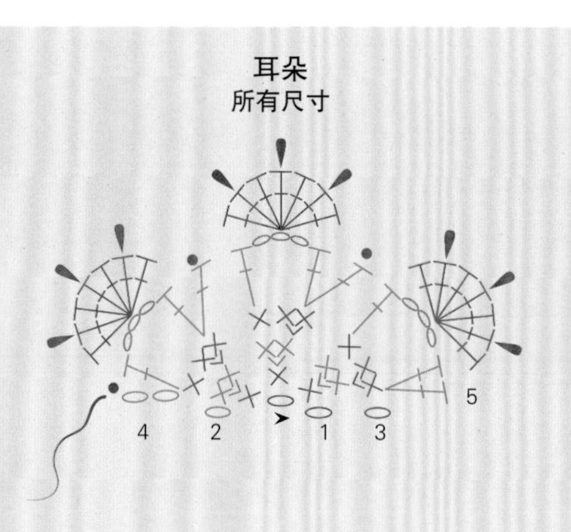

完成鞋子

保持象鼻向一侧弯曲，将象鼻的顶部边缘压平。利用MC长线尾，沿着顶部边缘做卷针缝，将开口缝住（见图1）。暂时别断线。

将象鼻定位到鞋头，使用MC沿着顶部边缘做卷针缝（见图2）。断线打结，藏好线头。

至于眼睛，儿童鞋用直径15毫米的纽扣，成人鞋用直径20毫米的纽扣。将纽扣缝至鞋面的左右侧（见图3），正好在象鼻的上方（参阅第121页缝合技巧）。

保持正面朝上，将耳朵定位在鞋子的两侧，将耳朵的中心与眼睛对齐（见图3）。分别使用2只耳朵的MC长线尾，对耳朵反面的底部边缘做卷针缝（见图4）。不要在正面做缝合。断线打结，藏好线头。

至于毛发，准备3捆MC，每一捆由5根线组成：将线在4根手指上绕5圈，然后将绕出来的线从一侧剪开（1捆毛发完成）。

将钩针穿入鞋面的中央行，钩住对折的一捆毛线拉出，形成一个线环（见图5）。将线尾从线环中拉出，并抽紧（第1束流苏完成）。第2和第3束流苏以同样的方法完成，位置分别在第1束流苏的两侧。按理想的毛发长度来修剪线尾（见图6）。

第二只鞋子也按同样的方法来制作，注意象鼻的弯曲角度与第一只镜像对称（见图2）。

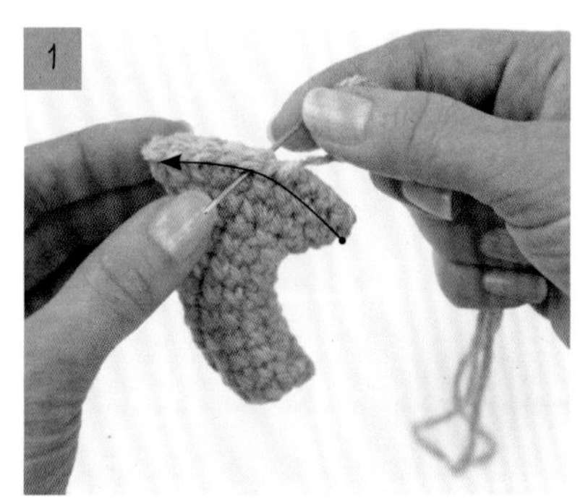

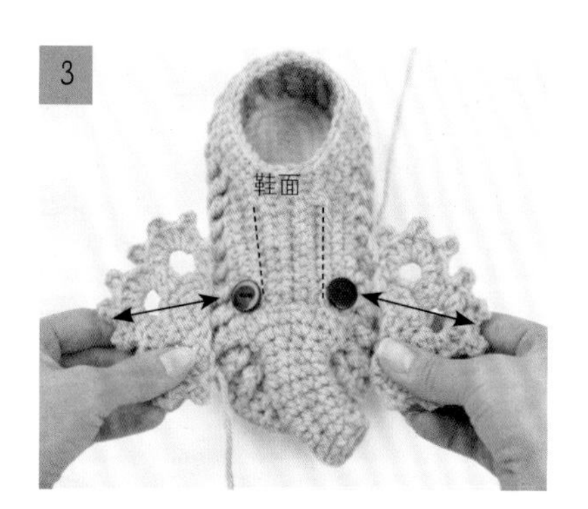

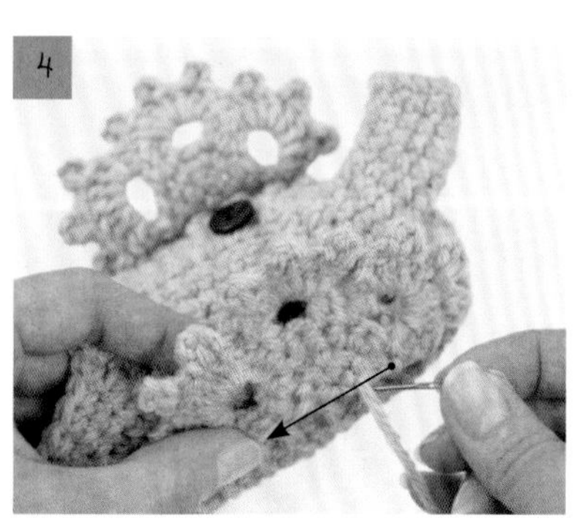

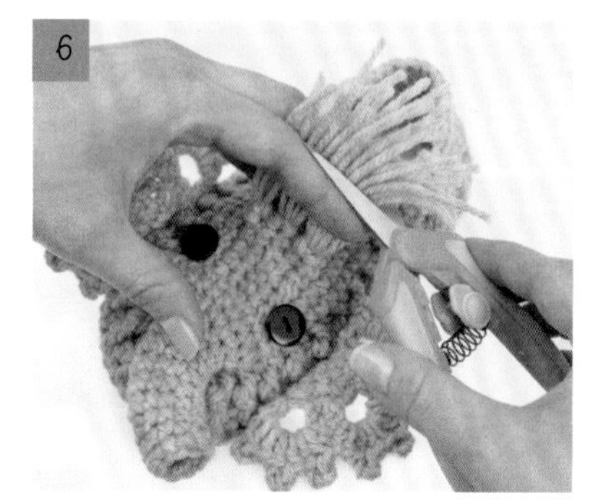

贪玩小猪

顽皮尖叫的小猪太可爱了。不必担心这些鞋子因为东奔西跑而弄脏。这些鞋子易于清洗和护理，只需要遵循护理说明（参阅第120页护理指引）即可。

工具、材料和技法

线材－4号粗

少量MC（亮粉色）用于制作耳朵和尾巴，使用CC1（脏粉色）钩猪鼻。

使用MC（亮粉色）钩鞋帮和外鞋底，使用任何配色线钩内鞋底。

钩针

4.25毫米（G）

补充工具和材料

- 记号扣
- 充当眼睛的纽扣：4个直径10毫米的用于儿童鞋S（M，L），4个直径15毫米的用于成人鞋S（M，L）
- 缝衣针和细线
- 毛线缝针和剪刀

钩编针法汇总

锁针，引拔针，短针，短针的2针并1针（或隐形减针），逆短针，中长针，长针，魔术环（可选），引拔连接

钩编技法

片钩和圈钩，在基础锁针行的两侧编织，加针，减针，缝合

难度指数：●●○○

猪鼻

每只鞋子制作1片。使用CC1及4.25毫米（G）钩针圈钩。

儿童鞋 – S, M, L

编织开始：起6针锁针。

第1圈：从钩针往回数第2针锁针钩短针（跳过的那针锁针不计为1针），接下来的3针锁针都钩短针，从最后一针锁针钩出3针短针；在基础锁针行的两侧继续编织，接下来的3针锁针都钩短针，从最后一针锁针钩出2针短针；引拔连接=12针。

第2圈：立织1针锁针（这一针在此圈及接下来的所有圈都不计为1针），从引拔处的同一针钩出2针短针，接下来的3针都钩短针，接下来的3针分别钩出2针短针，接下来的3针都钩短针，接下来的2针分别钩出2针短针；引拔连接=18针。

第3圈：立织1针锁针，接下来的每一针都钩逆短针，直到圈末；引拔连接=18针。

断线打结，预留长线尾用于缝合。

成人鞋 – S, M, L

编织开始：起6针锁针。

第1、2圈：编织方法同儿童鞋。

第3圈：从引拔处的同一针钩出1针短针，从下一针钩出2针短针，接下来的3针都钩短针，［下一针钩短针，从下一针钩出2针短针］3次，接下来的3针都钩短针，［下一针钩短针，从下一针钩出2针短针］2次；引拔连接=24针。

第4圈：立织1针锁针，接下来的每一针都钩逆短针，直到圈末；引拔连接=24针。

断线打结，预留长线尾用于缝合。

耳朵

每只鞋子制作2片。使用MC及4.25毫米（G）钩针，从上往下螺旋圈钩。在编织的过程中每一圈的起点都用1枚记号扣做标记。

儿童鞋 – S, M, L

编织开始：起3针锁针，从钩针往回数第3针编织引拔针，形成一个环（或使用魔术环来起针）。

第1圈：立织1针锁针（不计为1针），从环中钩出5针短针；当前圈及接下来的所有圈都不做引拔连接=5针。

第2圈：从前一圈的第1针钩短针，接下来的4针都钩短针=5针。

第3圈：此圈的每一针都钩出2针短针=10针。

第4圈：此圈的每一针都钩短针=10针。

第5圈：［下一针钩短针，从下一针钩出2针短针］5次=15针。

第6~9圈：此四圈的每一针都钩短针=15针。

第10圈：［下一针钩短针，短针的2针并1针］5次=10针。

下一针编织引拔针，断线打结，预留长线尾用于缝合。

成人鞋 – S, M, L

编织开始：起3针锁针，从钩针往回数第3针编织引拔针，形成一个环（或使用魔术环来起针）。

第1~6圈：编织方法同儿童鞋。

第7圈：［接下来的4针都钩短针，从下一针钩出2针短针］3次=18针。

第8~11圈：此四圈的每一针都钩短针=18针。

第12圈：［下一针钩短针，短针的2针并1针］6次=12针。

下一针编织引拔针，断线打结，预留

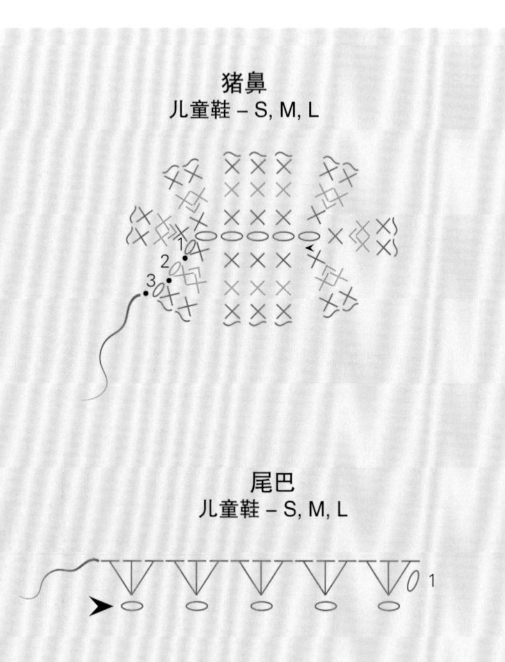

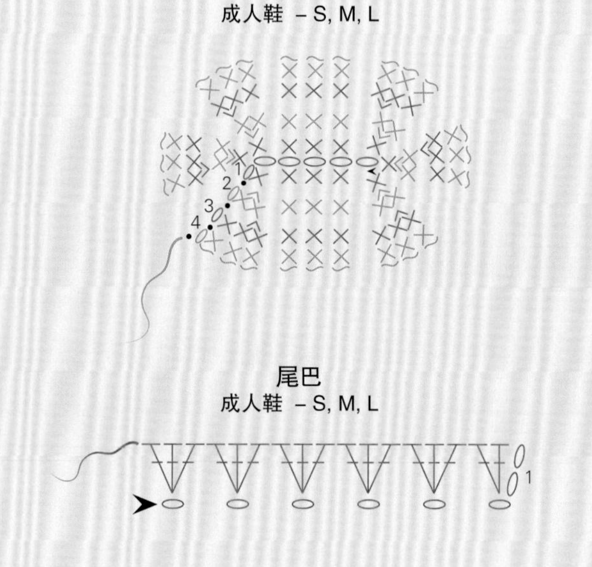

长线尾用于缝合。

尾巴

每只鞋子制作1片。使用MC及4.25毫米（G）钩针片钩。

儿童鞋 – S, M, L

编织开始：起6针锁针。

第1行：（正面）从钩针往回数第2针锁针钩出3针中长针（跳过的那针锁针不计为1针），接下来的4针锁针都钩出3针中长针=15针。

断线打结，预留长线尾用于缝合。

成人鞋 – S, M, L

编织开始：起8针锁针。

第1行：（正面）从钩针往回数第3针锁针钩出2针长针（跳过的2针锁针计为1针长针），接下来的5针锁针都钩出3针长针=18针。

断线打结，预留长线尾用于缝合。

完成鞋子

用毛线缝针穿起MC，在猪鼻上绣2个鼻孔（见图1）。断线打结，藏好线头。

将猪鼻定位在鞋头，利用CC1长线尾沿着周围以回针缝的方法将其固定到鞋头上（见图2）。断线打结，藏好线头。

至于眼睛，儿童鞋使用直径10毫米的纽扣，成人鞋使用直径15毫米的纽扣。将纽扣缝至鞋面的两侧，正对在猪鼻的上方（参阅第121页缝合技巧）。

以鞋面缝合线作为参考位置，将耳朵缝合至鞋面缝合线的左右两侧（见图3）。

利用耳朵的MC长线尾，沿着耳朵的底部边缘以卷针缝固定到鞋子上（见图4）。断线打结，藏好线头。

将尾巴定位到鞋子的后方，利用MC长线尾以卷针缝固定到鞋子上（见图5）。断线打结，藏好线头。

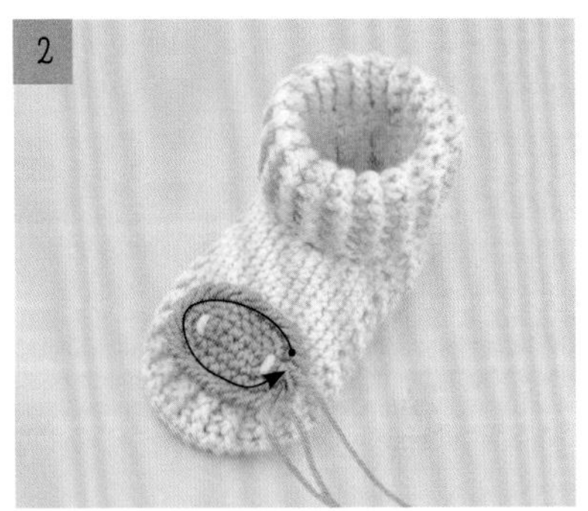

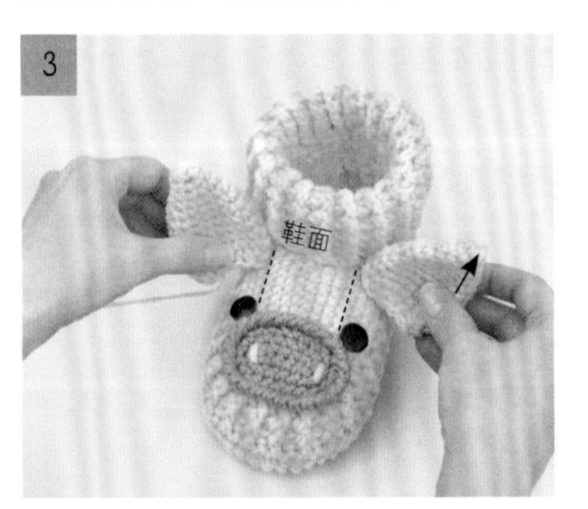

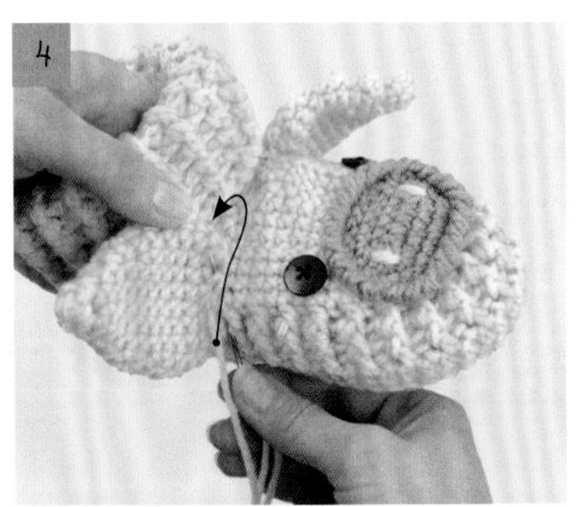

淘气浣熊

有时像浣熊一样淘气地享受夜宵也很有趣。当你想偷偷溜到厨房时，这些柔软的钩针室内鞋会让你的脚步变得安静。

工具、材料和技法

线材 – 4号粗

少量MC（灰色）用于制作外耳，CC1（黑色）用于制作内耳和面部，CC2（白色）用于制作面部。

使用MC（灰色）钩鞋帮和外鞋底，使用CC1（黑色）钩内鞋底。

钩针

4.25毫米（G）

补充工具和材料

- 记号扣
- 充当眼睛的纽扣：4个直径10毫米的用于儿童鞋S（M，L），4个直径15毫米的用于成人鞋S（M，L）
- 用于衬托眼睛的白色手工毛毡
- 缝衣针和细线
- 毛线缝针和剪刀

钩编针法汇总

锁针，引拔针，短针，中长针，长针，引拔连接

钩编技法

片钩，在基础锁针行的两侧编织，修饰粗糙的边缘，加针，缝合

难度指数：●●○○

面部

每只鞋子制作1片。使用CC2及4.25毫米（G）钩针，从口鼻的部分开始，方法为片钩。

儿童鞋 – S, M, L

编织开始： 使用CC2，起2针锁针。

第1行： 从钩针往回数第2针锁针钩出3针短针（跳过的那针锁针不计为1针），翻面=3针。

第2行： 立织1针锁针（此行及接下来的所有行都不计为1针），从第1针钩出2针短针，从下一针钩出3针短针，从最后一针钩出2针短针；翻面=7针。

第3行： 立织1针锁针，从第1针钩出2针短针，接下来的2针都钩短针，从下一针钩出3针短针，接下来的2针都钩短针，从最后一针钩出2针短针；翻面=11针。

第4行： 立织1针锁针，第1针钩短针，且在刚完成的那一针上放记号扣A，接下来的4针都钩短针，从下一针钩出3针短针，且在刚完成的最后一针放记号扣B，接下来的5针都钩短针；不要翻面=13针。

边缘：（正面）将作品旋转；立织1针锁针，沿着口鼻织片的底部边缘均匀地钩短针；在记号扣A所在的那一针引拔连接，换成CC1（见图1）

断掉CC2，预留长线尾用于缝合，继续用片钩的方法编织眼部补丁（见图2和图3）。

第5行：（正面）使用CC1，立织1针锁针，在记号扣所在的那一针钩短针，并取下记号扣，接下来的5针都钩短针；翻面=6针。

第6行：（反面）立织3针锁针（计为1针长针），跳过第1针，接下来的5针都钩长针，行末换成CC2；断掉CC1 并翻面=6针。

第7行：（正面）使用CC2，立织1针锁针，第1针钩短针，接下来的5针都钩短针；断线打结，预留长线尾用于缝合=6针。

保持正面朝上，使用CC1对记号B所在的针目引拔连接，重复第5~7行。完成后将会有3条CC2的长线尾。将其他线头藏好。

成人鞋 – S, M, L

编织开始： 使用CC2，起2针锁针。

第1~3行： 编织方法同儿童鞋。

第4行： 立织1针锁针，从第1针钩出2针短针，接下来的4针都钩短针，从下一针钩出3针短针，接下来的4针都钩短针，从最后一针钩出2针短针；翻面=15针。

第5行： 立织1针锁针，第1针钩短针，且在刚完成的那一针上放记号扣A，接下来的6针都钩短针，从下一针钩出3针短针，且在刚完成的最后一针放记号扣B，接下来的7针都钩短针；不要翻面=17针。

边缘：（正面）将作品旋转；立织1针锁针，沿着口鼻织片的底部边缘均匀地钩短针；在记号扣A所在的那一针引拔连接，换成CC1（见图1）。

断掉CC2，预留长线尾用于缝合，继续用片钩的方法编织眼部补丁（见图2和图3）。

第6行：（正面）使用CC1，立织1针锁针，在记号扣所在的那一针钩短针，并取下记号扣，接下来的7针都钩短针；翻面=8针。

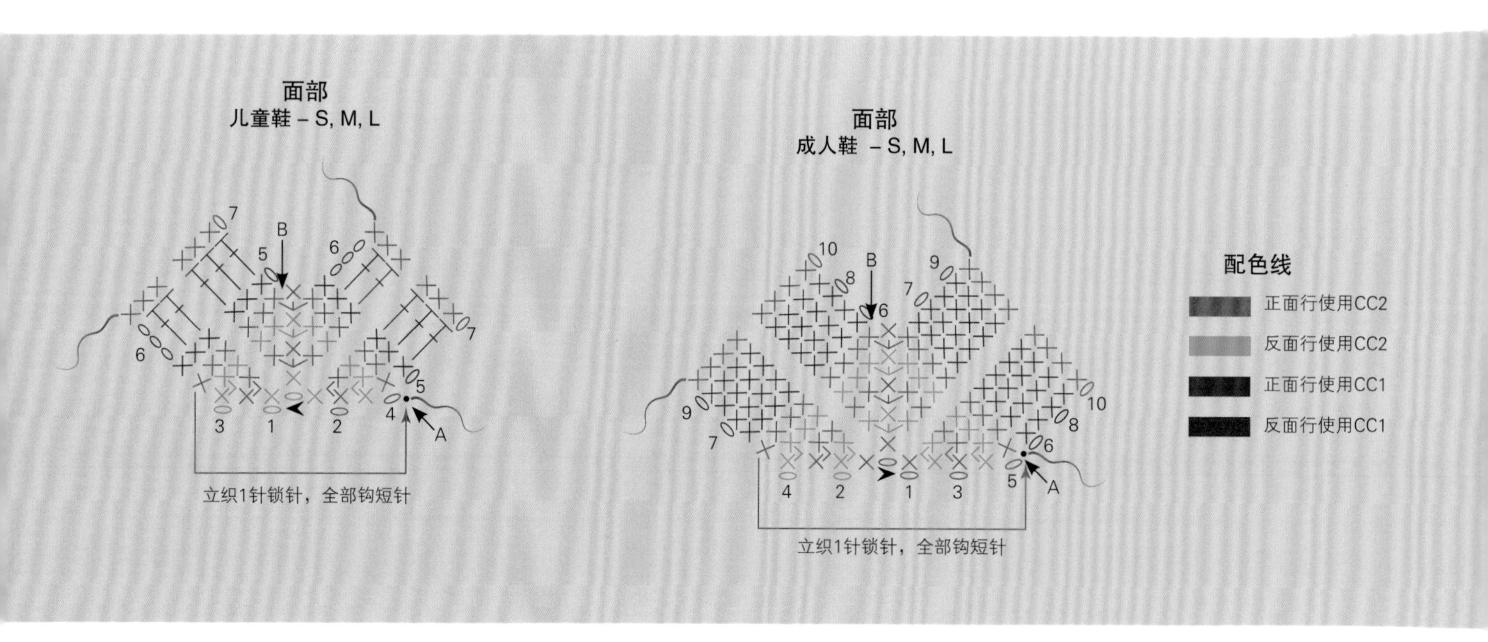

第7~9行： 立织1针锁针，第1针钩短针，接下来的7针都钩短针；翻面（换成CC2，在第9行的行末断掉CC1）=8针。

第10行：（正面）使用CC2，立织1针锁针，第1针钩短针，接下来的7针都钩短针；断线打结，预留长线尾用于缝合=8针。

保持正面朝上，使用CC1对记号扣B所在的针目引拔连接，重复第6~10行。完成后你将会有3条CC2的长线尾。将其他线头藏好。

耳朵

每只鞋子使用CC1做2片内耳，使用MC制作2片外耳。用4.25毫米（G）钩针片钩，内耳和外耳的编织指引相同。

儿童鞋 – S, M, L

编织开始： 起4针锁针。

第1行：（反面）从钩针往回数第2针锁针钩短针（跳过的那针锁针不计为1针），下一针锁针钩短针，从最后一针锁针钩出3针短针；在基础锁针行的两侧继续编织，接下来的2针锁针都钩短针；翻面=7针。

第2行：（正面）立织1针锁针（不计为1针），第1针钩短针，下一针钩短针，从下一针钩出2针短针，从下一针钩出（短针，中长针，短针），从下一针钩出2针短针，接下来的2针都钩短针=11针。

断线打结，外耳织片预留长线尾用于缝合，内耳织片的线头则藏好。

成人鞋 – S, M, L

编织开始： 起5针锁针。

第1行：（正面）从钩针往回数第2针锁针钩短针（跳过的那针锁针不计为1针），接下来的2针锁针都钩短针，从最后一针锁针钩出3针短针；在基础锁针行的两侧继续编织，接下来的3针锁针都钩短针；翻面=9针。

第2行：（反面）立织1针锁针（这一针在此行及接下来的所有行都不计为1针），第1针钩短针，接下来的2针都钩短针，从下一针钩出2针短针，从下一针钩出（短针，中长针，短针），从下一针钩出2针短针，接下来的3针都钩短针=13针。

第3行：（正面）立织1针锁针，第1针钩短针，接下来的4针都钩短针，从下一针钩出2针短针，从下一针钩出（短针，中长针，短针），从下一针钩出2针短针，接下来的5针都钩短针=17针。

断线打结，外耳织片预留长线尾用于缝合，内耳织片的线头则藏好。

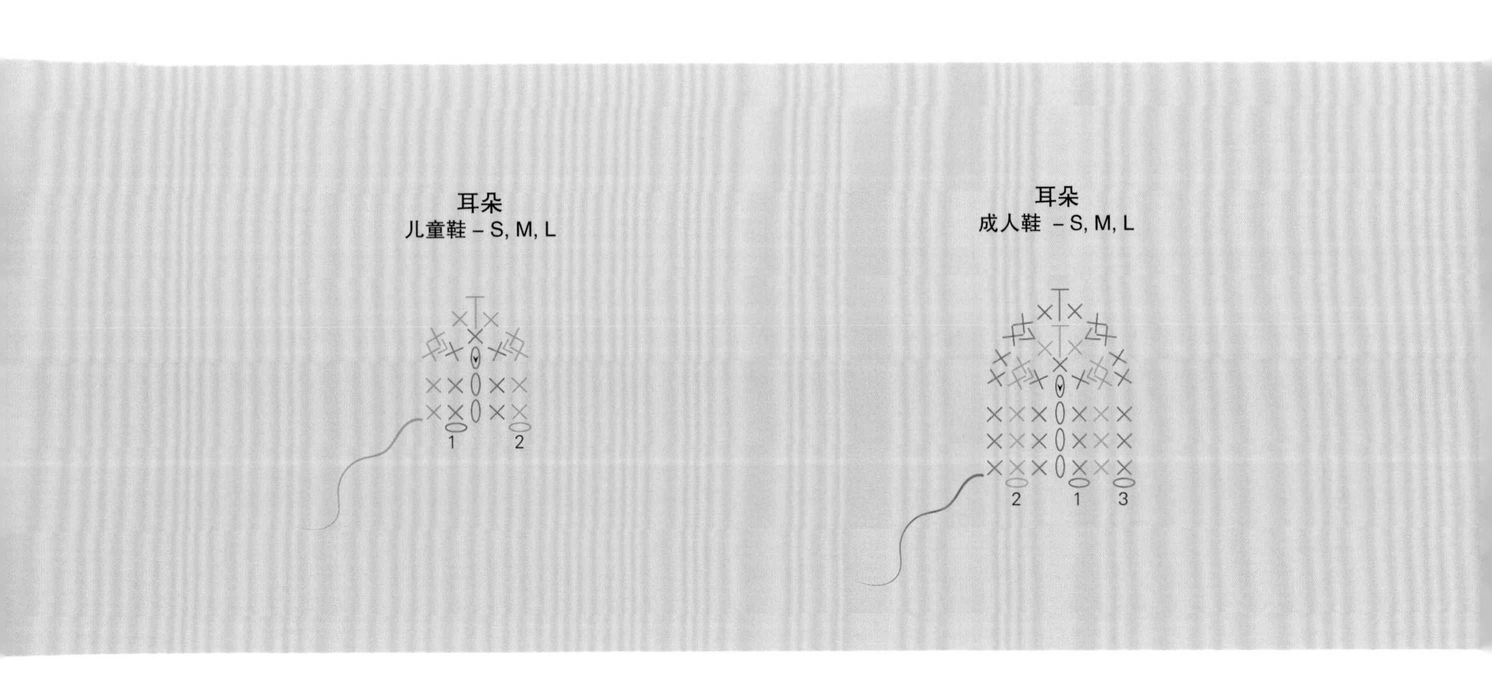

完成鞋子

毛线缝针穿起CC1，在口鼻区绣一个T形的鼻子（参阅第121页缝合技巧）。断线打结，藏好线头。至于眼睛，儿童鞋用直径10毫米的纽扣，成人鞋用直径15毫米的纽扣。将纽扣缝至眼部补丁上，在每一枚纽扣的下方垫上白色手工毛毡以衬托眼睛（参阅第121页缝合技巧）。

将面部定位至鞋头，利用CC2长线尾沿着白色的口鼻织片的周围以回针缝固定（见图4）。断线打结，藏好线头。利用余下的2个线尾，在每一片眼部补丁的最后一行以回针缝固定，保留侧边不固定（见图4）。断线打结，藏好线头。

将内耳和外耳叠在一起，反面朝里相对，利用外耳的MC长线尾，沿着最后一行做卷针缝（见图5）。不要断掉MC。利用两只耳朵的MC长线尾，以卷针缝的方法将耳朵缝合至鞋面缝合线的左右两侧（见图6）。断线打结，藏好线头。

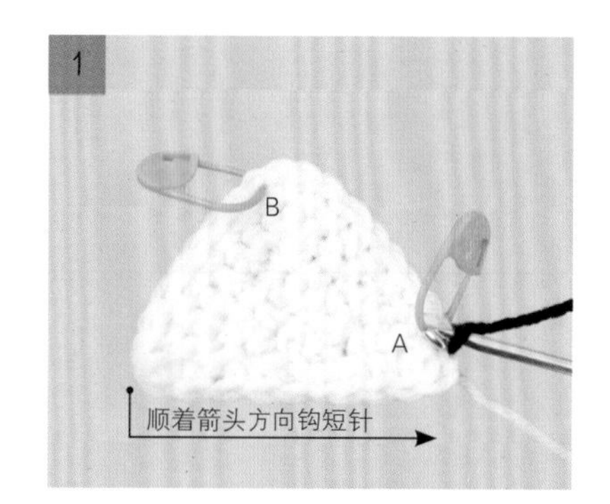

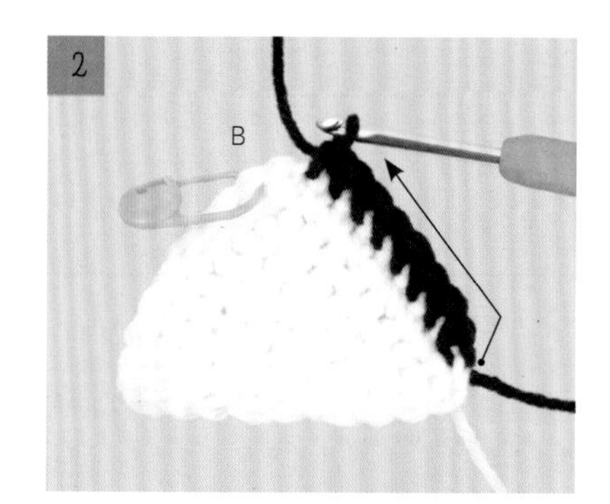

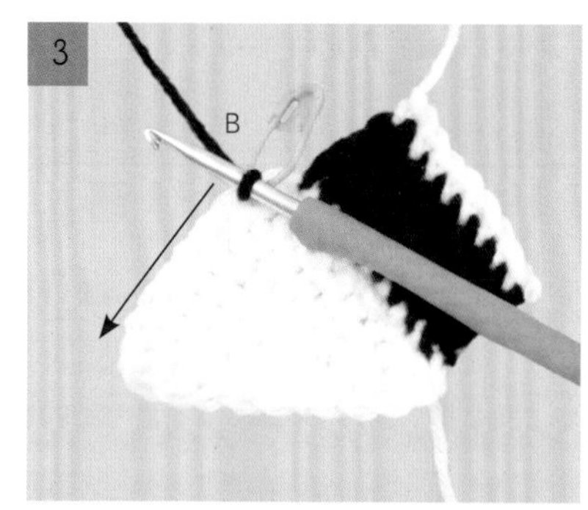

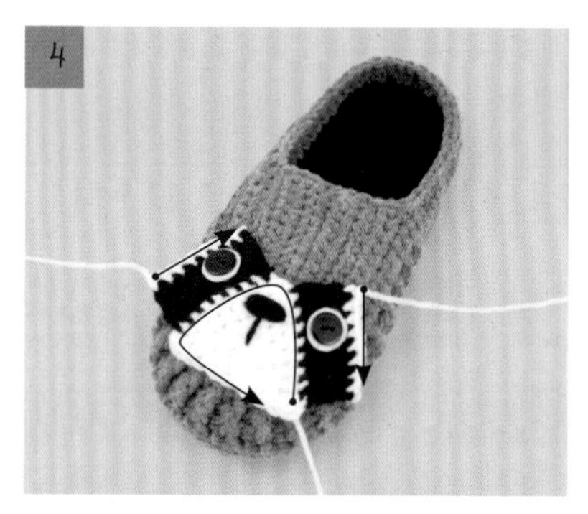

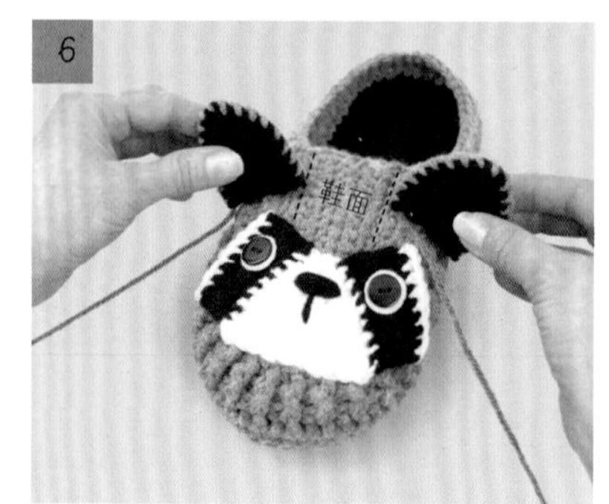

顽皮猴子

为下一次家庭聚会保持家庭成员的温暖舒适。他们看到这些有趣、顽皮的猴子拖鞋会高兴的。

工具、材料和技法

线材 – 4号粗

少量MC（巧克力色）用于制作耳朵、毛发和鼻孔，CC1（米黄色）用于制作口鼻，CC2（红色）用于绣歪嘴。

使用MC（巧克力色）钩鞋帮和外鞋底，使用CC1（米黄色）钩内鞋底。

钩针

4.25毫米（G）

补充工具和材料

- 充当眼睛的纽扣：4个直径10毫米的用于儿童鞋S（M，L），4个直径15毫米的用于成人鞋S（M，L）
- 用于衬托眼睛的白色手工毛毡
- 缝衣针和细线
- 毛线缝针和剪刀

钩编针法汇总

锁针，引拔针，短针，逆短针，魔术环（可选），引拔连接

钩编技法

片钩和圈钩，在基础锁针行的两侧编织，加针，缝合

难度指数：●●○○

口鼻

每只鞋子制作1片。使用CC1及4.25毫米（G）钩针圈钩。

儿童鞋 – S, M, L

编织开始：起9针锁针。

第1圈：从钩针往回数第2针锁针钩短针（跳过的那针锁针不计为1针），接下来的6针锁针钩短针，从最后一针锁针钩出3针短针；在基础锁针行的两侧继续编织，接下来的6针锁针钩短针，从最后一针锁针钩出2针短针；引拔连接=18针。

第2圈：立织1针锁针（不计为1针），从引拔处的同一针钩出2针短针，接下来的6针都钩短针，接下来的3针分别钩出2针短针，接下来的6针都钩短针，接下来的2针分别钩出2针短针；引拔连接=24针。

断线打结，预留长线尾用于缝合。

成人鞋 – S, M, L

编织开始：起10针锁针。

第1圈：从钩针往回数第2针锁针钩短针（跳过的那针锁针不计为1针），接下来的7针锁针都钩短针，从最后一针锁针钩出3针短针；在基础锁针行的两侧继续编织，接下来的7针锁针都钩短针，从最后一针锁针钩出2针短针；引拔连接=20针。

第2圈：立织1针锁针（这一针在此圈及接下来的所有圈都不计为1针），从引拔处的同一针钩出2针短针，接下来的7针都钩短针，接下来的3针分别钩出2针短针，接下来的7针都钩短针，接下来的2针分别钩出2针短针；引拔连接=26针。

第3圈：立织1针锁针，从引拔处的同一针钩出1针短针，从下一针钩出2针短针，接下来的7针都钩短针，［下一针钩短针，从下一针钩出2针短针］3次，接下来的7针都钩短针，［下一针钩短针，从下一针钩出2针短针］2次；引拔连接= 32针。

断线打结，预留长线尾用于缝合。

耳朵

每只鞋子制作2片。使用MC及4.25毫米（G）钩针片钩。

儿童鞋 – S, M, L

编织开始：起3针锁针，从钩针往回数第3针钩引拔针，形成一个环（或使用魔术环来起针）。

第1行：立织1针锁针（这一针在此行及接下来的所有行都不计为1针），从环中钩出4针短针；翻面=4针。

第2行：立织1针锁针，从第1针钩出2针短针，从接下来的3针分别钩出2针短针；不要翻面=8针。

第3行：（正面）立织1针锁针，跳过第1针，接下来的6针都钩逆短针，最后一针编织引拔针=7针。

断线打结，预留长线尾用于缝合。

成人鞋 – S, M, L

编织开始：起3针锁针，从钩针往回数第3针编织引拔针，形成一个环（或使用魔术环来起针）。

第1、2行：编织方法同儿童鞋。翻面。

第3行：立织1针锁针，从第1针钩出2针短针，下一针钩短针，［从下一针钩出2针短针，下一针钩短针］3次；不要翻面=12针。

第4行：（正面）立织1针锁针，跳过第1针，接下来的10针都钩逆短针，最后一针编织引拔针=11针。

断线打结，预留长线尾用于缝合。

口鼻
儿童鞋 – S, M, L

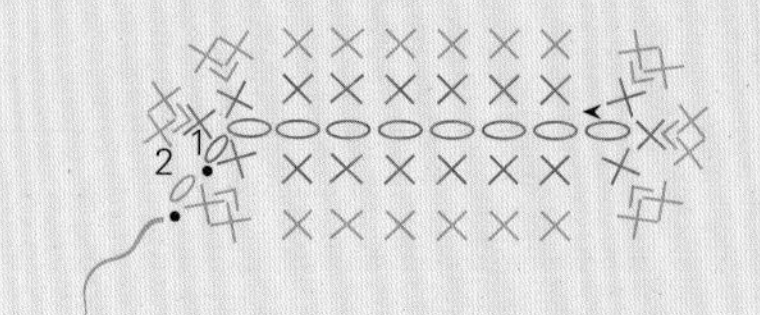

口鼻
成人鞋 – S, M, L

耳朵
儿童鞋 – S, M, L

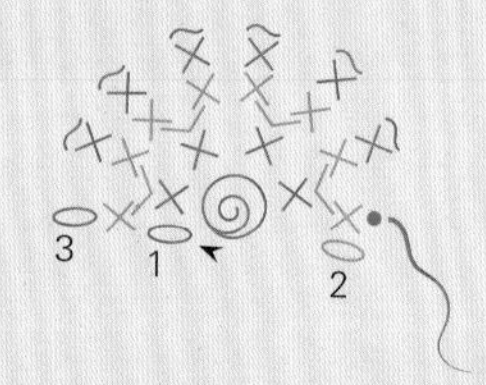

耳朵
成人鞋 – S, M, L

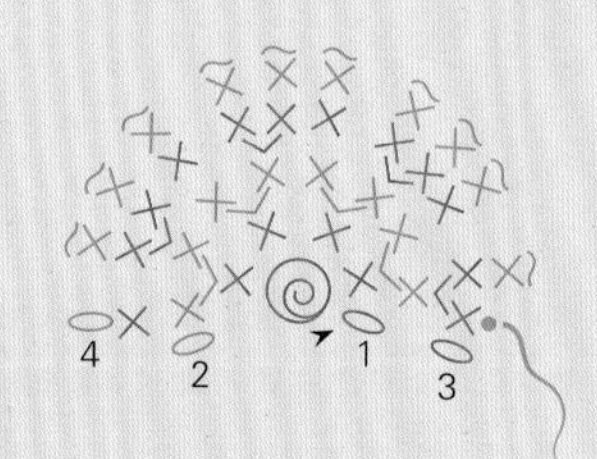

完成鞋子

用毛线缝针穿起MC，在口鼻织片上以十字绣绣出鼻孔；用毛线缝针穿起CC2，以回针绣绣出微笑的歪嘴。断线打结，藏好线头。将口鼻织片定位到鞋头上，利用CC1的长线尾，沿着周围以回针缝的方法将其固定到鞋头上（见图1）。断线打结，藏好线头。

至于眼睛，儿童鞋用直径10毫米的纽扣，成人鞋用直径15毫米的纽扣。将纽扣缝至鞋面缝合线的内侧，口鼻区的正上方（见图2），在每一枚纽扣的下方垫上白色手工毛毡以衬托眼睛（参阅第121页缝合技巧）。断线打结，藏好线头。

保持正面朝上，将耳朵定位到鞋子的两侧，耳朵中间与眼睛对齐（见图3）。利用耳朵的长线尾，以卷针缝的方法将底部边缘固定（见图4）。断线打结，藏好线头。

至于毛发，准备3捆MC，每一捆由5根线组成：将线在4根手指上绕5圈，然后将绕出来的线从一侧剪开（1捆毛发完成）。

将钩针穿入鞋面的中央行，钩住对折的一捆毛线拉出，形成一个线环（见图5）。将线尾从线环中拉出，并抽紧（第1束流苏完成）。第2和第3束流苏以同样的方法完成，位置分别在第1束流苏的两侧。按理想的毛发长度来修剪线尾（见图6）。

毛绒小羊

柔软如云，穿着毛绒绒的小羊室内鞋来创作下一件钩针作品，会让你的脚感到非常舒适。多一双“咩咩叫”的拖鞋从来都不是什么坏主意。

工具、材料和技法

线材 – 4号粗

少量MC（自然白色）用于制作毛发，CC1（浅灰色）用于制作面部和耳朵，CC2（黑色）用于制作鼻子。

使用MC（自然白色）钩鞋帮，使用CC1（浅灰色）钩内鞋底和外鞋底。

钩针

4.25毫米（G）

补充工具和材料

- 充当眼睛的纽扣：4个直径10毫米的用于儿童鞋S（M，L），4个直径15毫米的用于成人鞋S（M，L）
- 缝衣针和细线
- 毛线缝针和剪刀

钩编针法汇总

锁针，短针，中长针，长针，圈圈针

钩编技法

片钩，在基础锁针行的两侧编织，加针，缝合

难度指数：●●●○

面部

每只鞋子制作1片。使用CC1及4.25毫米（G）钩针片钩。

儿童鞋 – S, M, L

编织开始：起6针锁针。

第1行：（正面）从钩针往回数第2针锁针钩短针（跳过的那针锁针不计为1针），接下来的3针锁针都钩短针，从最后一针锁针钩出3针短针；在基础锁针行的两侧继续编织，接下来的4针锁针都钩短针；翻面=11针。

第2行：（反面）立织1针锁针（这一针在此行及接下来的所有行都不计为1针），第1针钩短针，接下来的3针都钩短针，接下来的3针分别钩出2针短针，接下来的4针都钩短针；翻面=14针。

第3行：（正面）立织1针锁针，第1针钩短针，接下来的3针都钩短针，[从下一针钩出2针短针，下一针钩短针]3次，接下来的4针都钩短针；翻面=17针。

第4行：（反面）立织1针锁针，第1针钩短针，接下来的3针都钩短针，[从下一针钩出2针短针，接下来的2针都钩短针]3次，接下来的4针都钩短针；翻面=20针。

第5行：（正面）立织1针锁针，第1针钩短针，接下来的3针都钩短针，[从下一针钩出2针短针，接下来的3针都钩短针]3次，接下来的4针都钩短针=23针。

断线打结，预留长线尾用于缝合。

成人鞋 – S, M, L

编织开始：起8针锁针。

第1行：（反面）从钩针往回数第2针锁针钩短针（跳过的那针锁针不计为1针），接下来的5针锁针都钩短针，从最后一针锁针钩出3针短针；在基础锁针行的两侧继续编织，接下来的6针锁针钩短针；翻面=15针。

第2行：（正面）立织1针锁针（这一针在此行及接下来的所有行都不计为1针），第1针钩短针，接下来的5针都钩短针，接下来的3针分别钩出2针短针，接下来的6针都钩短针；翻面=18针。

第3行：（反面）立织1针锁针，第1针钩短针，接下来的5针都钩短针，[从下一针钩出2针短针，下一针钩短针]3次，接下来的6针都钩短针；翻面=21针。

第4行：（正面）立织1针锁针，第1针钩短针，接下来的5针都钩短针，[从下一针钩出2针短针，接下来的2针都钩短针]3次，接下来的6针都钩短针；翻面=24针。

第5行：（反面）立织1针锁针，第1针钩短针，接下来的5针都钩短针，[从下一针钩出2针短针，接下来的3针都钩短针]3次，接下来的6针都钩短针；翻面=27针。

第6行：（正面）立织1针锁针，第1针钩短针，接下来的5针都钩短针，[从下一针钩出2针短针，接下来的4针都钩短针]3次，接下来的6针都钩短针=30针。

断线打结，预留长线尾用于缝合。

耳朵

每只鞋子制作2片。使用CC1及4.25毫米（G）钩针片钩。

儿童鞋 – S, M, L

编织开始：起5针锁针。

第1行：（反面）从钩针往回数第2针锁针钩中长针（跳过的那针锁针不计为1针），接下来的2针锁针都钩中长针，最后一针锁针钩4针中长针；在基础锁针行的两侧继续编织，接下来的3针锁针都钩中长针；翻面=10针。

第2行：（正面）立织1针锁针（不计为1针），第1针钩短针，接下来的2针都钩短针，从接下来的4针分别钩出2针短针，接下来的3针都钩短针=14针。

断线打结，预留长线尾用于缝合。

成人鞋 – S, M, L

编织开始：起7针锁针。

第1行：（反面）从钩针往回数第4针锁针钩长针（跳过的3针锁针计为1针长针），接下来的2针锁针都钩长针，从最后一针锁针钩出6针长针；在基础锁针行的两侧继续编织，接下来的4针锁针都钩长针；翻面=14针。

第2行：（正面）立织1针锁针（不计为1针），第1针钩短针，接下来的3针都钩短针，从接下来的6针分别钩出2针短针，接下来的4针都钩短针=20针。

断线打结，预留长线尾用于缝合。

面部
儿童鞋 – S, M, L

5 3 1 2 4

面部
成人鞋 – S, M, L

6 4 2 1 3 5

耳朵
儿童鞋 – S, M, L

耳朵
成人鞋 – S, M, L

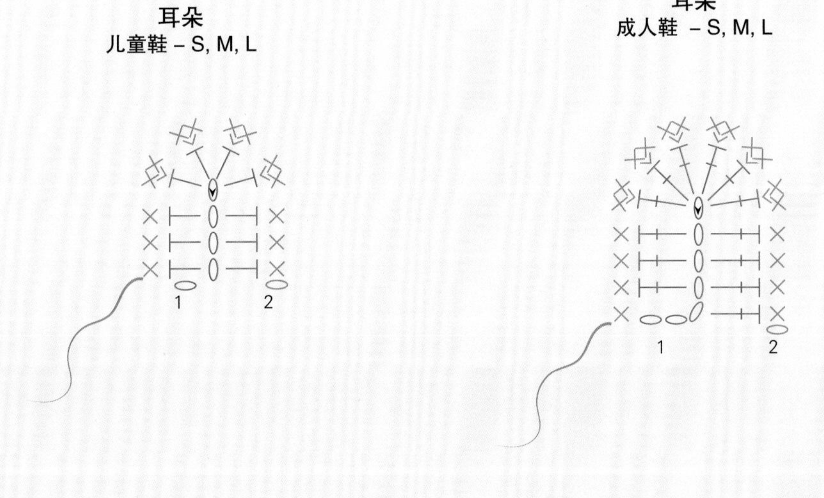

毛发

每只鞋子制作1片。使用MC及4.25毫米（G）钩针片钩。

儿童鞋 – S, M, L

编织开始：起13针锁针。

第1行：（正面）从钩针往回数第2针锁针钩短针（跳过的那针锁针不计为1针），每一针锁针都钩短针；翻面=12针。

第2行：（反面）立织1针锁针（这一针在此行及接下来的所有行都不计为1针），第1针钩圈圈针，这一行的每一针都钩圈圈针；翻面=12针。

第3行：（正面）立织1针锁针，第1针钩短针，每一针都钩短针；翻面=12针。

第4行：编织方法同第2行。

断线打结，预留长线尾用于缝合。

成人鞋 – S, M, L

编织开始：起15针锁针。

第1行：（正面）从钩针往回数第2针锁针钩短针（跳过的那针锁针不计为1针），每一针锁针都钩短针；翻面=14针。

第2行：（反面）立织1针锁针（这一针在此行及接下来的所有行都不计为1针），第1针钩圈圈针，这一行的每一针都钩圈圈针；翻面=14针。

第3行：（正面）立织1针锁针，第1针钩短针，每一针都钩短针；翻面=14针。

第4、5行：重复第2、3行。

第6行：编织方法同第2行。

断线打结，预留长线尾用于缝合。

毛发
儿童鞋 – S, M, L

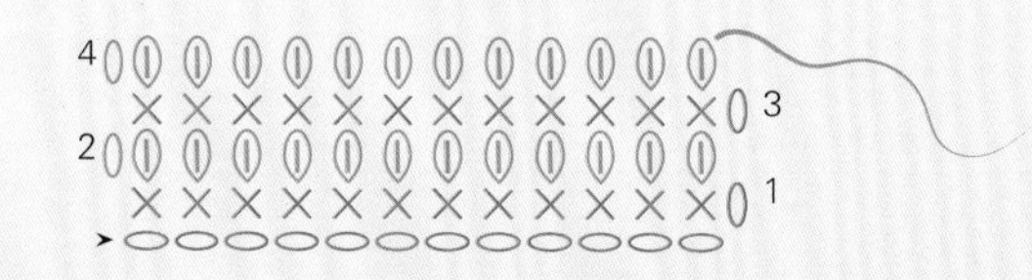

毛发
成人鞋 – S, M, L

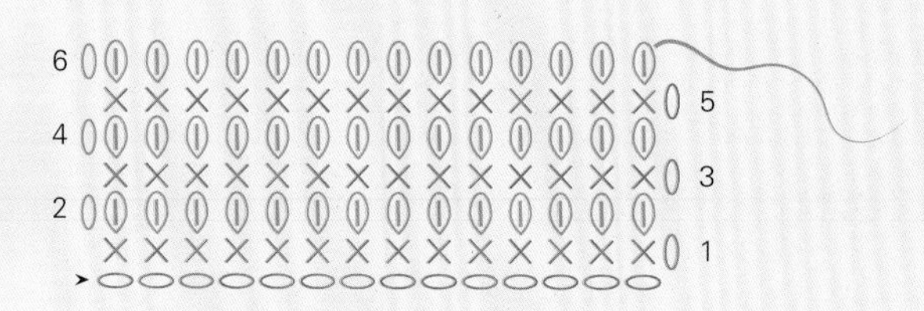

完成鞋子

至于眼睛，儿童鞋用直径10毫米的纽扣，成人鞋用直径15毫米的纽扣。将纽扣放在距离面部织片的顶部边缘3针的位置（见图1），再将它们缝上（参阅第121页缝合技巧）。

用毛线缝针穿起CC2在脸上绣上Y形的鼻子（参阅第121页缝合技巧）。断线打结，藏好线头。

将面部定位到鞋头。利用面部的CC1长线尾，以卷针缝固定顶部的直边，以回针缝固定弧线边缘，将其固定到鞋子上（见图2）。断线打结，藏好线头。

将耳朵对折，利用耳朵的CC1长线尾，以卷针缝固定粗糙的边缘（见图3）。将耳朵定位至鞋面缝合线的左右两侧，利用耳朵的CC1长线尾将粗糙的边缘固定到鞋子上（见图4和图5）。断线打结，藏好线头。

将毛发定位到面部的顶部边缘，利用MC长线尾以卷针缝固定到鞋子上（见图6）。断线打结，藏好线头。

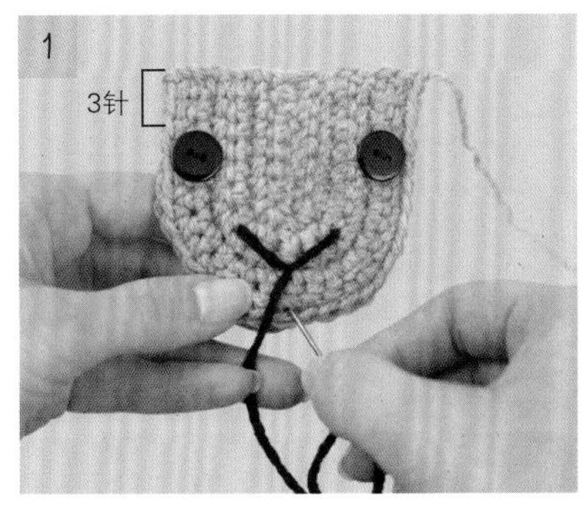

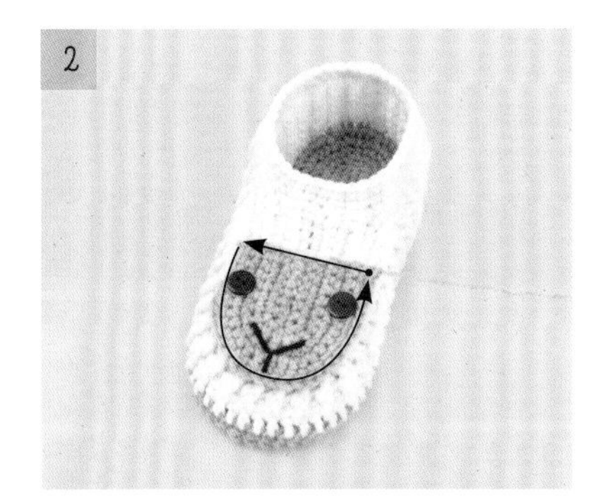

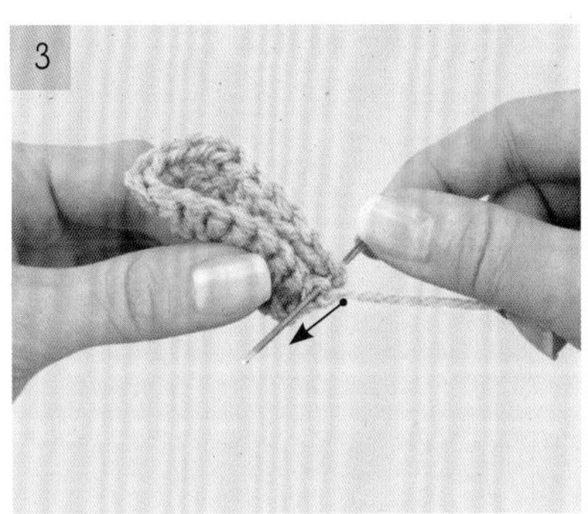

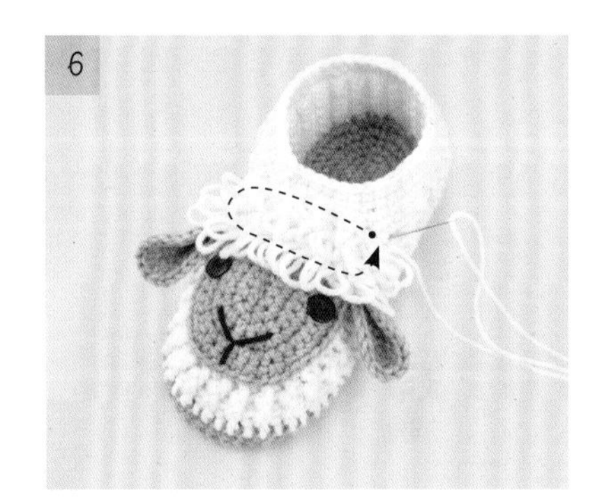

沙滩海龟

就像坚硬的龟壳可以保护海龟一样，这些舒适的室内鞋可以保护你的脚趾免受寒冷。沙滩海龟有趣又五彩缤纷，你可以轻松地用自己喜欢的颜色即兴创作。

工具、材料和技法

线材 – 4号粗

少量CC1（黄色）、CC2（深绿色）、CC3（棕色）、CC4（三叶草绿色）来制作海龟，或使用你自己喜欢的颜色。

使用MC（暖棕色）钩鞋帮和外鞋底，使用CC4（三叶草绿色）钩内鞋底，或使用你自己喜欢的颜色。

钩针

4.25毫米（G）

补充工具和材料

- 珠针
- 毛线缝针和剪刀

钩编针法汇总

锁针，引拔针，短针，长针，长长针，起点处的爆米花针，爆米花针，引拔连接，魔术环（可选）

钩编技法

圈钩，加针，缝合

难度指数：●●●○

海龟

每只鞋子制作1片。使用4.25毫米（G）钩针圈钩，按照提示对每一圈换配色。

儿童鞋 – S, M, L

编织开始：使用CC1，起3针锁针，从钩针往回数第3针钩引拔针，形成一个环（或使用魔术环来起针）。

第1圈：立织1针锁针（这一针在此圈及接下来的所有圈都不计为1针），从环中钩出6针短针；剪断CC1，换成CC2来完成引拔连接=6针。

第2圈：使用CC2，在引拔的同一针编织起点处的爆米花针，2针锁针，［下一针钩爆米花针，2针锁针］5次；剪断CC2，换成CC3来完成引拔连接=6针爆米花针和6个2锁针的空位。

第3圈：使用CC3，2针锁针（不计为1针），跳过引拔处的那一针，从下一个2锁针的空位钩出4针长针，［跳过爆米花针，从下一个2锁针的空位钩出4针长针］5次；剪断CC3，换成CC4来完成引拔连接=24针。

第4圈：使用CC4，立织1针锁针，从引拔位置的同一针钩短针；5针锁针，从钩针往回数第4针锁针钩长针，下一针锁针钩长针（完成一条腿）；*跳过上一圈的1针，接下来的5针都钩短针；5针锁针，从钩针往回数第4针锁针钩长针，下一针锁针钩长针（完成一条腿）**；跳过1针，下一针钩短针，跳过1针，从下一针钩出6针长针，跳过1针，下一针钩短针（完成头部）；5针锁针，从钩针往回数第4针锁针钩长针，下一针锁针钩长针（完成一条腿）；重复*至**的操作；跳过上一圈的1针，接下来的2针都钩短针，下一针钩短针，3针锁针，从钩针往回数第3针编织引拔针，在上一圈的同一针编织短针（完成尾巴）；最后一针钩短针；引拔连接=4条腿、1个头和1条尾巴。

断线打结，预留CC4的长线尾用于缝合。将其他线头藏好。

成人鞋 – S, M, L

编织开始：使用CC1，起3针锁针，从钩针往回数第3针钩引拔针，形成一个环（或使用魔术环来起针）。

第1圈：立织2针锁针（在本圈及接下来的所有圈都不计为1针），从环中钩出12针长针；断掉CC1，换成CC2来完成引拔连接=12针。

第2圈：使用CC2，在引拔的同一针编织起点处的爆米花针，2针锁针，从下一针钩出1针长针，立织2针锁针，［下一针钩爆米花针，立织2针锁针，从下一针钩出1针长针，2针锁针］5次；剪断CC2，换成CC3来完成引拔连接=6针爆米花针、6针长针和12个2锁针的空位。

第3圈：使用CC3，立织2针锁针，跳过引拔处的那一针，从下一个2锁针的空位钩出3针长针，［跳过1针，从下一个2锁针的空位钩出3针长针］11次；剪断CC3，换成CC4来完成引拔连接=36针。

第4圈：使用CC4，立织1针锁针（不计为1针），从引拔位置的同一针钩短针；起6针锁针，从钩针往回数第4针锁针钩长针，接下来的2针锁针都钩长针（完成一条腿）；*跳过上一圈的1针，接下来的9针都钩短针；起6针锁针，从钩针往回数第4针锁针钩长针，接下来的2针锁针都钩长针（完成一条腿）**；跳过1针，下一针钩短针，跳过2针，从下一针钩出7针长长针，跳过2针，下一针钩短针（完成头部）；起6针锁针，从钩针往回数第4针锁针钩长针，接下来的2针锁针都钩长针（完成一条腿）；重复*至**的操作；跳过上一圈的1针，接下来的3针都钩短针，下一针钩短针，起4针锁针，从钩针往回数第4针钩引拔针，在上一圈的同一针编织短针（完成尾巴）；接下来的2针都钩短针；引拔连接=4条腿、1个头和1条尾巴。

断线打结，预留CC4的长线尾用于缝合。

完成鞋子

将海龟定位到鞋头，并用珠针钉住它的周围。珠针可以避免织片在缝合的过程中发生位置偏移，可以边缝合边取下珠针。利用海龟的CC4长线尾，以回针缝的方法沿着它的身体和头部固定到鞋子上，保留腿和尾巴不做缝合（见图1）。如有需要，可以在腿和身体之间卷针缝几针，以隐藏跳过的针目。断线打结，藏好线头。

1

海龟
儿童鞋 – S, M, L

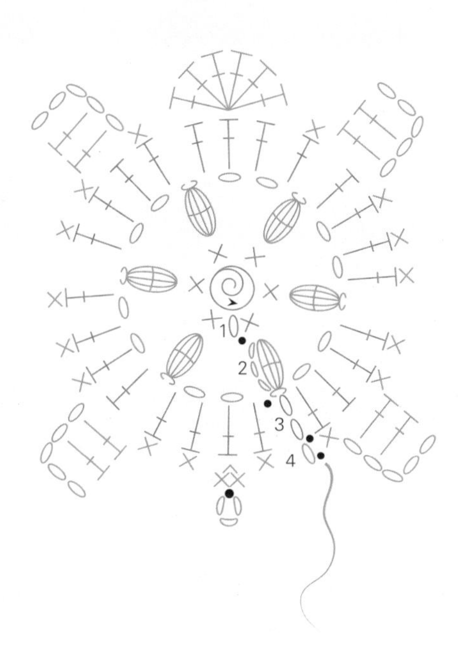

海龟
成人鞋 – S, M, L

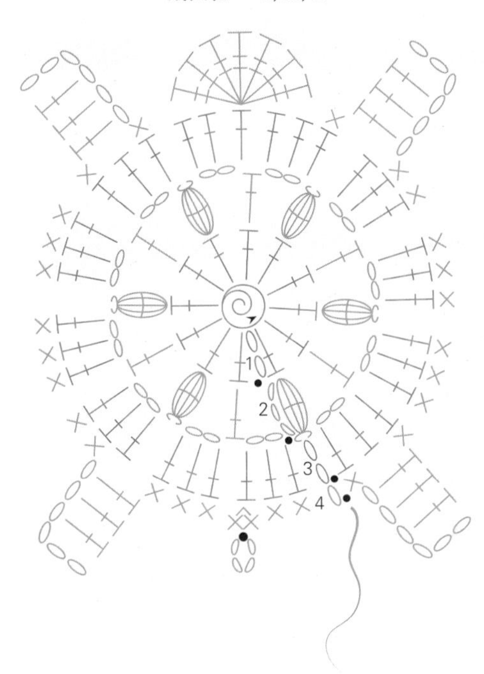

小窍门

可使用任何你喜欢的颜色，
来制作你的独家沙滩海龟。

时髦小猫

当你感觉自己像一只猫，看起来也像一只猫时，你会更喜欢玩毛线。当你的脚上穿着这些时髦的猫咪鞋时，你很容易就能打个盹儿，做一些跟毛线有关的梦。

工具、材料和技法

线材－4号粗

少量MC（蜜色）用于制作外耳和毛发，CC1（浅粉色）用于制作内耳和鼻子，CC2（自然白色）用于制作口鼻，CC3（黑色）用于制作眼睛。

使用MC（蜜色）钩鞋帮和外鞋底，使用CC3（黑色）钩内鞋底。

钩针

4.25毫米（G）

补充工具和材料

- 记号扣
- 毛线缝针和剪刀

钩编针法汇总

锁针，引拔针，短针，魔术环（可选）

钩编技法

片钩和圈钩，加针，缝合

难度指数：●○○○

口鼻

每只鞋子制作1片。使用4.25毫米（G）钩针及CC2螺旋圈钩。在编织的过程中每一圈的起点都用1枚记号扣做标记。

儿童鞋 – S, M, L

编织开始：起3针锁针，从钩针往回数第3针钩引拔针，形成一个环（或使用魔术环来起针）。

第1圈：立织1针锁针（不计为1针），从环中钩出6针短针；当前圈及接下来的所有圈都不做引拔连接=6针。

第2圈：从前一圈的第1针钩出2针短针，从接下来的5针分别钩出2针短针=12针。

第3圈：［下一针钩短针，从下一针钩出2针短针］6次=18针。

下一针编织引拔针，断线打结，预留长线尾用于缝合。

成人鞋 – S, M, L

编织开始：起3针锁针，从钩针往回数第3针钩引拔针，形成一个环（或使用魔术环来起针）。

第1、2圈： 编织方法同儿童鞋。

第3圈：此圈的每一针都钩出2针短针=24针。

第4圈：此圈的每一针都钩短针=24针。

下一针编织引拔针，断线打结，预留长线尾用于缝合。

耳朵

每只鞋子制作2片。使用4.25毫米（G）钩针片钩。

儿童鞋 – S, M, L

内耳：
每只耳朵使用CC1钩1片内耳。

编织开始：起2针锁针。

第1行：从钩针往回数第2针钩3针短针（跳过的那针锁针不计为1针），翻面=3针。

第2行：立织1针锁针（这一针在此行及接下来的所有行都不计为1针），从第1针钩出2针短针，从下一针钩出3针短针，从最后一针钩出2针短针=7针。

断线打结，藏好线头。

外耳：
每只耳朵使用MC钩1片外耳。编织方法同内耳钩法，但是不要断线。翻面，下一行准备连接内外耳。

连接行：
将内耳放在外耳的上面，2片织片反面朝里相对，下一行使用外耳织片的线尾，同时穿过2片织片来编织。

第3行：（正面）立织1针锁针，从第1针钩出2针短针，接下来的2针都钩短针，从下一针钩出3针短针，接下来的2针都钩短针，从最后一针钩出2针短针=11针。

断线打结，预留长线尾用于缝合。

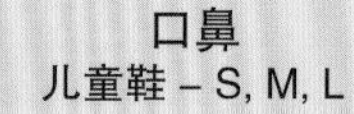

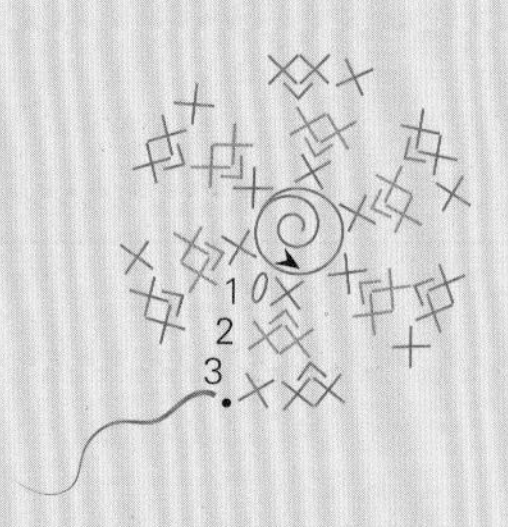

口鼻
成人鞋 – S, M, L

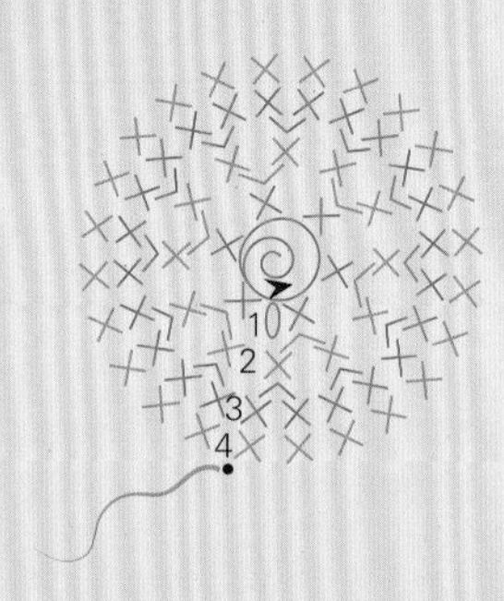

耳朵
儿童鞋 – S, M, L

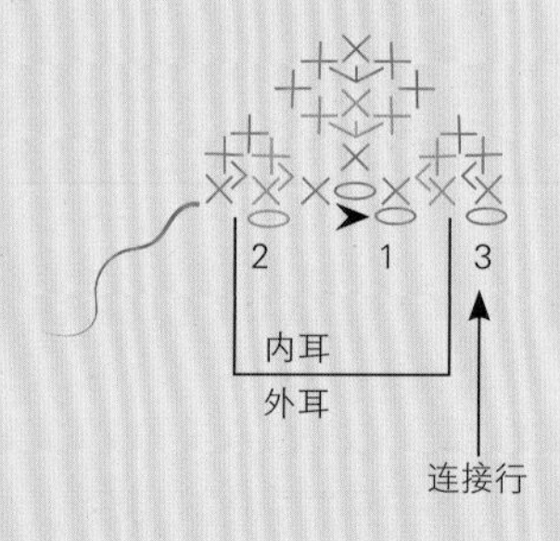

耳朵
成人鞋 – S, M, L

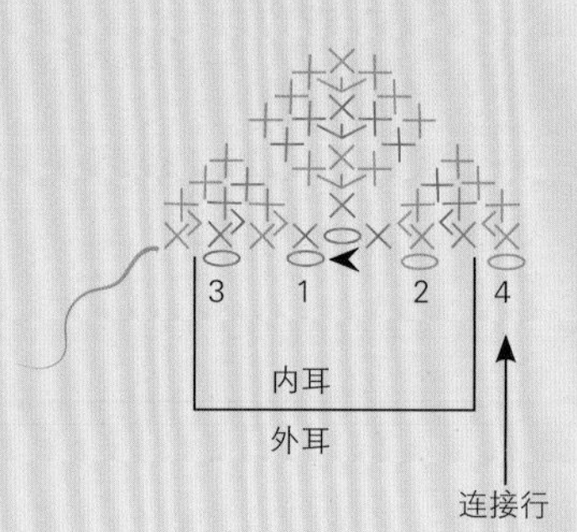

成人鞋 – S, M, L

内耳：
每只耳朵使用CC1钩1片内耳。

编织开始：起2针锁针。

第1、2行：编织方法同儿童鞋，翻面。

第3行：立织1针锁针，从第1针钩出2针短针，接下来的2针都钩短针，从下一针钩出3针短针，接下来的2针都钩短针，从最后一针钩出2针短针=11针。

断线打结，藏好线头。

外耳：
每只耳朵使用MC钩1片外耳。编织方法同内耳钩法，但是不要断线。翻面，下一行准备连接内外耳。

连接行：
将内耳放在外耳的上面，2片织片反面朝里相对，下一行使用外耳织片的线尾，同时穿过2片织片来编织。

第4行：（正面）立织1针锁针，从第1针钩出2针短针，接下来的4针都钩短针，从下一针钩出3针短针，接下来的4针都钩短针，从最后一针钩出2针短针=15针。

断线打结，预留长线尾用于缝合。

完成鞋子

将口鼻定位在鞋头，利用CC2的长线尾沿着周围以回针缝的方法将其固定到鞋头上（见图1）。断线打结，藏好线头。

用毛线缝针穿起CC1，在口鼻区绣一个T形的鼻子（参阅第121页缝合技巧）。断线打结，藏好线头。

用毛线缝针穿起CC3，在口鼻区的两侧各绣一只微笑的眼睛（参阅第121页缝合技巧），让内眼角紧贴着鞋面的缝合线（见图1）。断线打结，藏好线头。

以鞋面缝合线作为参考位置，将耳朵定位到鞋面缝合线内侧1行的位置（见图2）。

利用耳朵的MC长线尾，以卷针缝沿着耳朵的底部一圈做固定（见图3）。断线打结，藏好线头。

至于毛发，准备MC，将线在4根手指上绕5圈，然后将绕出来的线从一侧剪开。将钩针穿入耳朵的中间，钩住对折的这捆毛线拉出，形成一个线环（见图4）。将线尾从线环中拉出并抽紧。按理想的毛发长度来修剪线尾。

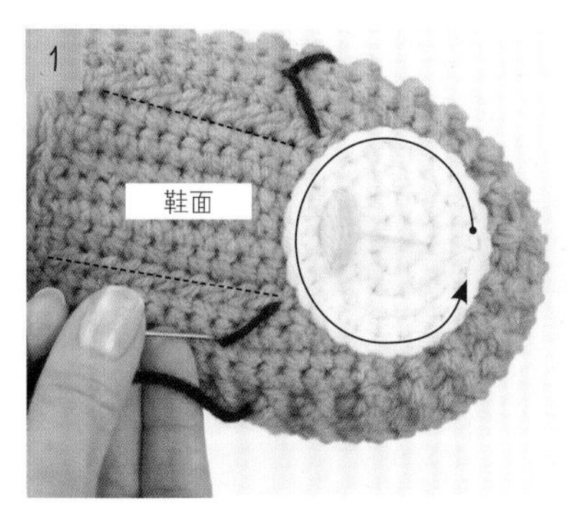

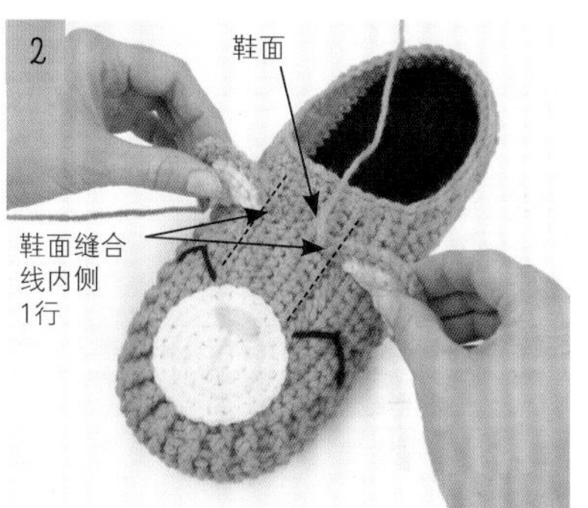

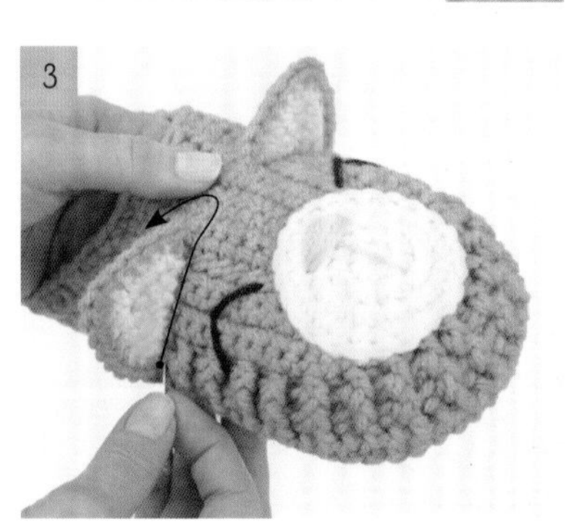

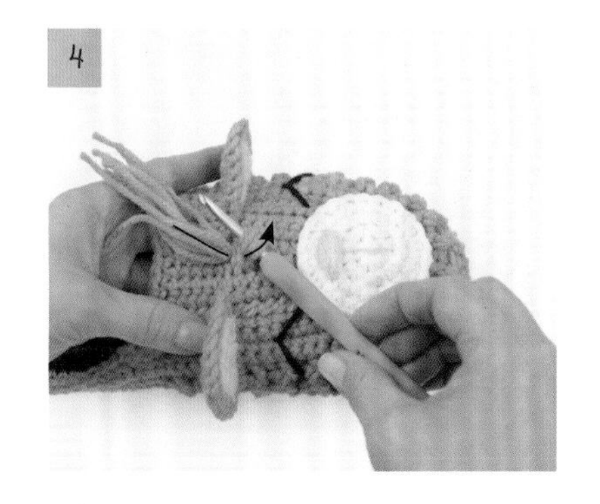

嬉皮美洲驼

美洲驼是动物界的嬉皮士。穿上这双舒适的美洲驼室内鞋躺下来休息，非常轻松惬意。

工具、材料和技法

线材 – 4号粗

少量MC（燕麦黄色）用于制作耳朵和毛发，CC1（褐灰色）用于制作鼻子，彩色的零线头用于制作流苏（可选）。

使用MC（燕麦黄色）钩鞋帮，CC1（褐灰色）钩外鞋底，CC2（浅粉色）钩内鞋底。

钩针

4.25毫米（G）

补充工具和材料

- 充当眼睛的纽扣：4个直径15毫米的用于儿童鞋S（M，L），4个直径20毫米的用于成人鞋S（M，L）
- 缝衣针和细线
- 毛线缝针和剪刀

钩编针法汇总

锁针，短针

钩编技法

片钩，在基础锁针行的两侧编织，加针，缝合

难度指数：

耳朵

每只鞋子制作2片。使用MC及4.25毫米（G）钩针片钩。

儿童鞋 – S, M, L

编织开始：起4针锁针。

第1行：（正面）从钩针往回数第2针锁针钩短针（跳过的那针锁针不计为1针），下一针锁针钩短针，从最后一针锁针钩出3针短针；在基础锁针行的两侧继续编织，接下来的2针锁针都钩短针；翻面=7针。

第2行：（反面）立织1针锁针（这一针在此行及接下来的所有行都不计为1针），第1针钩短针，下一针钩短针，从下一针钩出2针短针，从下一针钩出3针短针，从下一针钩出2针短针，接下来的2针都钩短针；翻面=11针。

第3行：（正面）立织1针锁针，第1针钩短针，接下来的3针都钩短针，从下一针钩出2针短针，从下一针钩出3针短针，从下一针钩出2针短针，接下来的4针都钩短针=15针。

断线打结，预留长线尾用于缝合。

成人鞋 – S, M, L

编织开始：起5针锁针。

第1行：（反面）从钩针往回数第2针锁针钩短针（跳过的那针锁针不计为1针），接下来的2针锁针都钩短针，从最后一针锁针钩出3针短针；在基础锁针行的两侧继续编织，接下来的3针锁针都钩短针；翻面=9针。

第2行：（正面）立织1针锁针（这一针在此行及接下来的所有行都不计为1针），第1针钩短针，接下来的2针都钩短针，从下一针钩出2针短针，从下一针钩出3针短针，从下一针钩出2针短针，接下来的3针都钩短针；翻面=13针。

第3行：（反面）立织1针锁针，第1针钩短针，接下来的4针都钩短针，从下一针钩出2针短针，从下一针钩出3针短针，从下一针钩出2针短针，接下来的5针都钩短针=17针。

第4行：（正面）立织1针锁针，第1针钩短针，接下来的6针都钩短针，从下一针钩出2针短针，从下一针钩出3针短针，从下一针钩出2针短针，接下来的7针都钩短针=21针。

断线打结，预留长线尾用于缝合。

完成鞋子

用毛线缝针穿起CC1，绣一个Y形的鼻子（参阅第121页缝合技巧），以鞋面的弧线为参考位置（见图1）。

至于眼睛，儿童鞋用直径15毫米的纽扣，成人鞋用直径20毫米的纽扣。将纽扣缝至鞋面缝合线的两侧（参阅第121页缝合技巧），正好位于鼻子上方（见图1）。断线打结，藏好线头。

将耳朵对折，利用耳朵的MC长线尾，沿着粗糙的边缘做卷针缝（见图2）。先别断线。将耳朵缝合至鞋面缝合线的左右两侧，在眼睛上方（见图3），利用耳朵的MC长线尾，沿着底部边缘做卷针缝以固定到鞋子上（见图4）。断线打结，藏好线头。

至于毛发，准备3捆MC，每一捆由5根线组成：将线在4根手指上绕5圈，然后将绕出来的线从一侧剪开（1捆毛发完成）。

将钩针穿入鞋面的中央行，钩住对折

耳朵
儿童鞋 – S, M, L

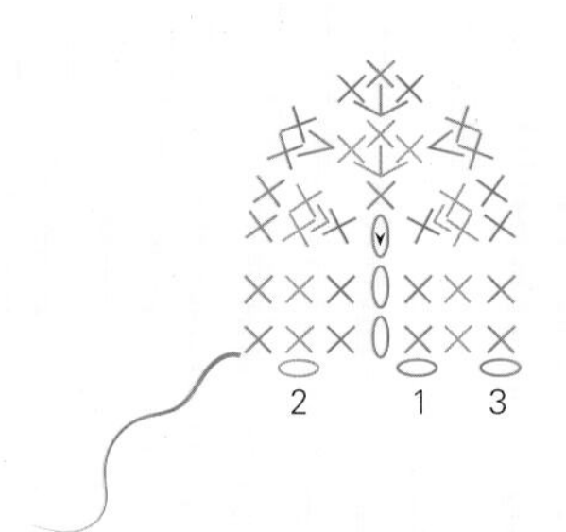

耳朵
成人鞋 – S, M, L

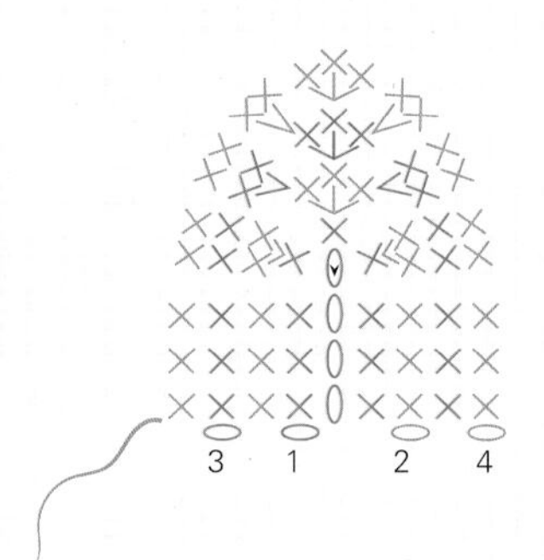

的一捆毛线拉出，形成一个线环（见图5）。将线尾从线环中拉出，并抽紧（第1束流苏完成）。第2和第3束流苏以同样的方法完成，位置分别在第1束流苏的两侧。按理想的毛发长度来修剪线尾（见图6）。

你也可以在包跟鞋或靴子的脚踝处增加混合颜色的流苏，如果是制作拖鞋则跳过这一步。

将彩色毛线在4根手指上绕3圈，然后将绕出来的线从一侧剪开。以与制作毛发相同的方法来完成流苏，将它们连接在脚踝侧的内钩长针的针目根部（见图7）。以鞋底为标准来修剪流苏的长度（见图8）。

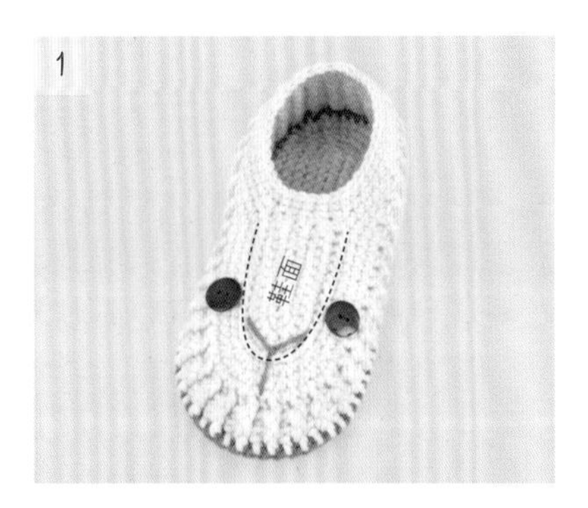

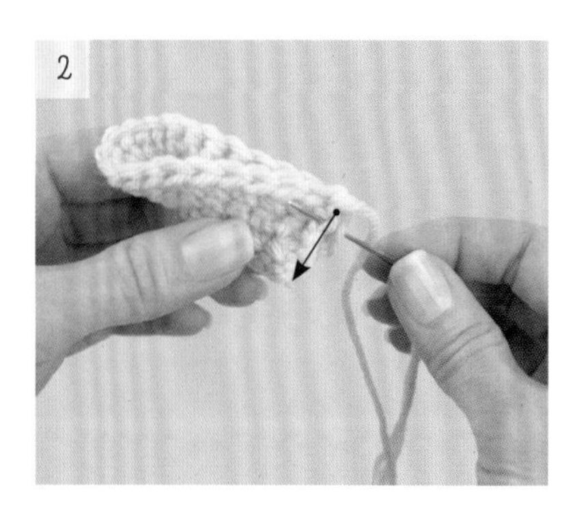

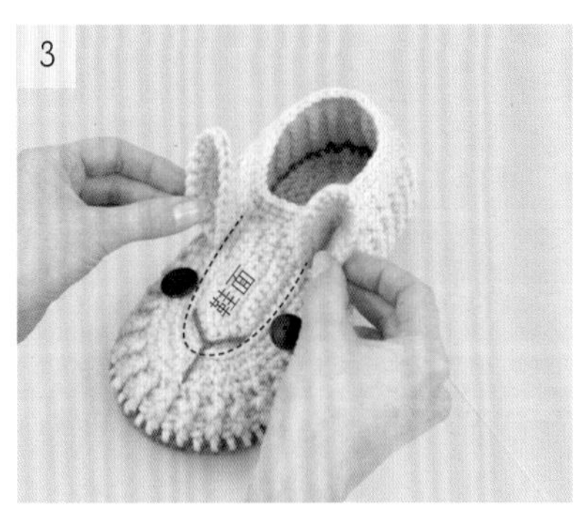

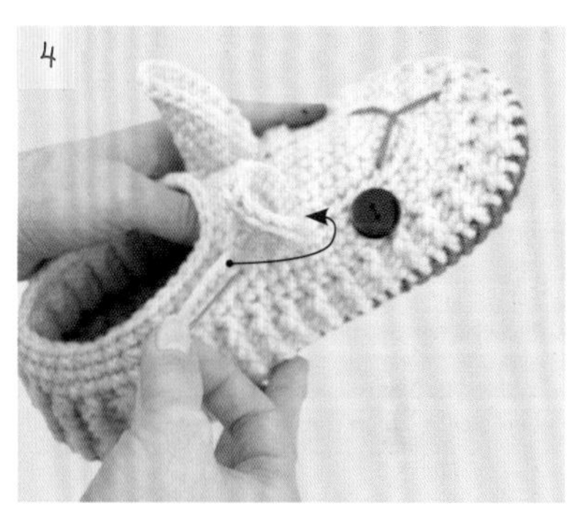

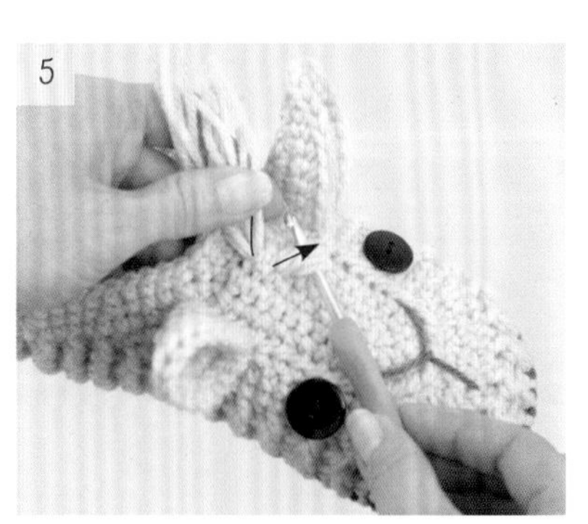

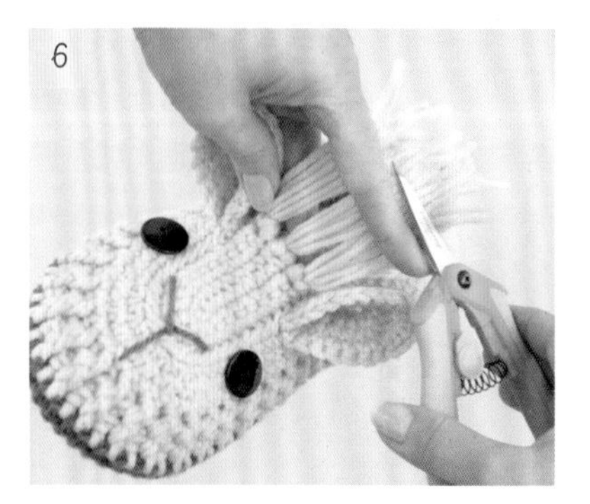

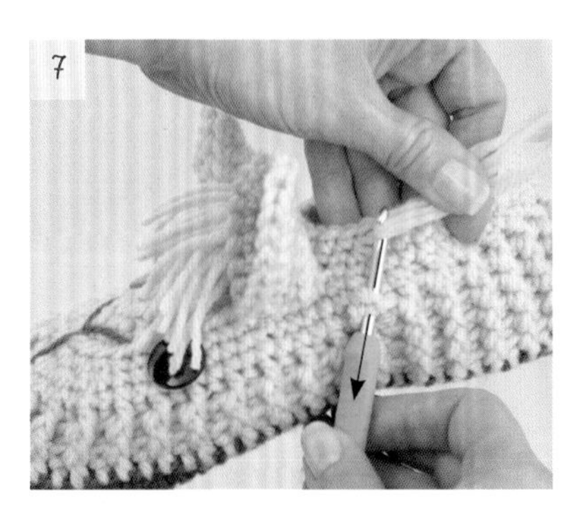

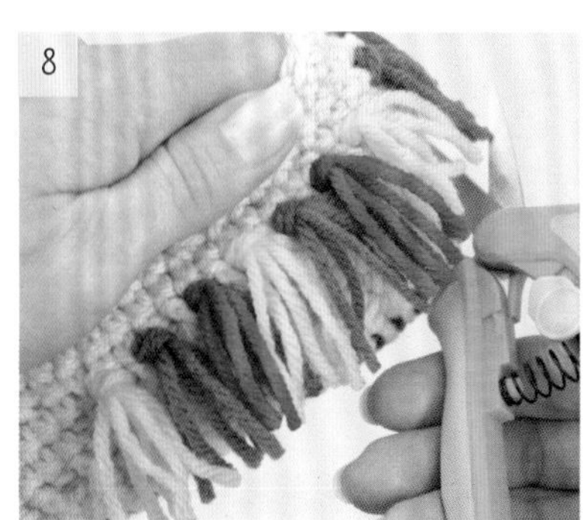

勇敢驼鹿

穿上舒适的驼鹿室内鞋，你将变得勇敢、坚强、梦想远大。如果你今天过得很糟糕，别担心，没人会惹驼鹿的。

工具、材料和技法

线材 – 4号粗

少量MC（褐灰色）用于制作耳朵和鼻孔，CC1（米黄色）用于制作口鼻，CC2（巧克力色）用于制作鹿角和歪嘴。

使用MC（褐灰色）钩鞋帮、外鞋底和内鞋底。

钩针

4.25毫米（G）

补充工具和材料

- 记号扣
- 充当眼睛的纽扣：4个直径10毫米的用于儿童鞋S（M，L），4个直径15毫米的用于成人鞋S（M，L）
- 填充棉
- 缝衣针和细线
- 毛线缝针和剪刀

钩编针法汇总

锁针，引拔针，短针，中长针，长针，魔术环（可选），引拔连接

钩编技法

片钩和圈钩，在基础锁针行的两侧编织，加针，缝合

难度指数：●●○○

口鼻

每只鞋子制作1片。使用CC1及4.25毫米（G）钩针圈钩。

儿童鞋 – S, M, L

编织开始：起7针锁针。

第1圈：从钩针往回数第2针锁针钩短针（跳过的那针锁针不计为1针），接下来的4针锁针都钩短针，从最后一针锁针钩出3针短针；在基础锁针行的两侧继续编织，接下来的4针锁针都钩短针，从最后一针锁针钩出2针短针；引拔连接=14针。

第2圈：立织1针锁针（不计为1针），从引拔处的同一针钩出2针短针，接下来的4针都钩短针，接下来的3针分别钩出2针短针，接下来的4针都钩短针，接下来的2针分别钩出2针短针；引拔连接=20针。

断线打结，预留长线尾用于缝合。

成人鞋 – S, M, L

编织开始：起8针锁针。

第1圈：从钩针往回数第2针锁针钩短针（跳过的那针锁针不计为1针），接下来的5针锁针都钩短针，从最后一针锁针钩出3针短针；在基础锁针行的两侧继续编织，接下来的5针锁针都钩短针，从最后一针锁针钩出2针短针；引拔连接=16针。

第2圈：立织1针锁针（这一针在此圈及接下来的所有圈都不计为1针），从引拔处的同一针钩出2针短针，接下来的5针都钩短针，接下来的3针分别钩出2针短针，接下来的5针都钩短针，接下来的2针分别钩出2针短针；引拔连接=22针。

第3圈：立织1针锁针，从引拔处的同一针钩出1针短针，从下一针钩出2针短针，接下来的5针都钩短针，［下一针钩短针，从下一针钩出2针短针］3次，接下来的5针都钩短针，［下一针钩短针，从下一针钩出2针短针］2次；引拔连接=28针。

断线打结，预留长线尾用于缝合。

耳朵

每只鞋子制作2片。使用MC及4.25毫米（G）钩针片钩。

儿童鞋 – S, M, L

编织开始：起5针锁针。

第1行：（反面）从钩针往回数第2针锁针钩中长针（跳过的那针锁针不计为1针），接下来的2针锁针都钩中长针，最后一针锁针钩4针中长针；在基础锁针行的两侧继续编织，接下来的3针锁针都钩中长针；翻面=10针。

第2行：（正面）立织1针锁针（不计为1针），第1针钩短针，接下来的3针都钩短针，接下来的2针分别钩出2针短针，接下来的4针都钩短针=12针。

断线打结，预留长线尾用于缝合。

成人鞋 – S, M, L

编织开始：起7针锁针。

第1行：（反面）从钩针往回数第4针锁针钩长针（跳过的锁针计为第1针长针），接下来的2针锁针都钩长针，从最后一针锁针钩出6针长针；在基础锁针行的两侧编织，接下来的4针锁针都钩长针；翻面=14针。

第2行：（正面）立织1针锁针（不计为1针），第1针钩短针，接下来的5针都钩短针，接下来的2针分别钩出2针短针，接下来的6针都钩短针=16针。

断线打结，预留长线尾用于缝合。

鹿角

每只鞋子制作2片。使用4.25毫米（G）钩针及CC2螺旋圈钩。在编织的过程中每一圈的起点都用1枚记号扣做标记。

儿童鞋 – S, M, L

短角：每只鹿角制作2片。

编织开始：起3针锁针，从钩针往回数第3针编织引拔针，形成一个环（或使用魔术环起针）。

第1圈：立织1针锁针（不计为1针），从环中钩出6针短针；当前圈及接下来的所有圈都不做引拔连接=6针。

第2圈：从前一圈的第1针钩短针，接下来的5针都钩短针=6针。

第3圈：此圈的每一针都钩短针=6针。

下一针编织引拔针，断线打结。第1片短角的线尾藏好，第2片短角留长线尾用于缝合。

长角：每只鹿角制作1片。

编织开始：起3针锁针，从钩针往回数第3针编织引拔针，形成一个环（或使用魔术环起针）。

第1~3圈：编织方法同短角。

第4~10圈：此七圈的每一

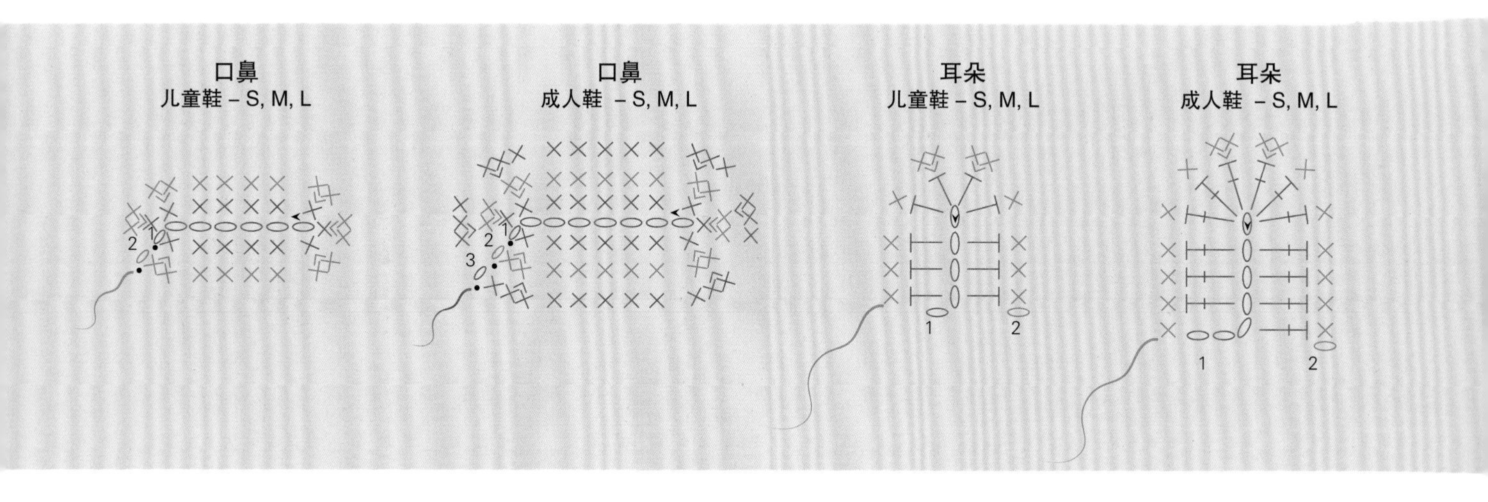

针都钩短针=6针。

下一针编织引拔针，断线打结，预留长线尾用于缝合。

成人鞋 – S, M, L

短角：每只鹿角制作2片。

编织开始：起3针锁针，从钩针往回数第3针编织引拔针，形成一个环（或使用魔术环起针）。

第1圈：立织1针锁针（不计为1针），从环中钩出6针短针；当前圈及接下来的所有圈都不做引拔连接=6针。

第2圈：从前一圈的第1针钩出2针短针，接下来的2针都钩短针，从下一针钩出2针短针，接下来的2针都钩短针=8针。

第3、4圈：此两圈的每一针都钩短针=8针。

下一针编织引拔针，断线打结。第1片短角的线尾藏好，第2片短角留长线尾用于缝合。

长角：每只鹿角制作1片。

编织开始：起3针锁针，从钩针往回数第3针编织引拔针，形成一个环（或使用魔术环起针）。

第1~4圈：编织方法同短角。

第5~12圈：此八圈的每一针都钩短针=8针。

下一针编织引拔针，断线打结，预留长线尾用于缝合。

组装鹿角

利用CC2长线尾，以卷针缝的方法将2片短角并排缝在一起（见图1）。先别断线。用填充棉填充3片角，然后将2片短角定位到长角的侧边，利用CC2的线尾以卷针缝固定（见图2）。断线打结，藏好线头。

完成鞋子

使用CC2在口鼻区以回针绣绣出微笑的歪嘴，再使用MC绣出鼻孔。断线打结，藏好线头。将口鼻织片定位到鞋头上，利用CC1的长线尾，沿着周围以回针缝的方法将其固定到鞋头上（见图3）。断线打结，藏好线头。

至于眼睛，儿童鞋用直径10毫米的纽扣，成人鞋用直径15毫米的纽扣。将纽扣缝至鞋面缝合线的内侧，口鼻区的正上方（参阅第121页缝合技巧）。使用CC2，在眼睛上方以回针绣绣一道一字眉（见图3）。断线打结，藏好线头。

将鹿角定位在鞋面缝合线（见图3）的两侧，利用鹿角的CC2长线尾，以卷针缝的方法将其固定到鞋子上（见图4）。断线打结，藏好线头。

将耳朵对折，利用耳朵的MC长线尾，以卷针缝的方法将粗糙的边缘缝合（见图5）。先别断线。将耳朵定位到鹿角前方，鞋面缝合线外侧1行的地方（见图6）。利用耳朵的MC长线尾，沿着耳朵的底部边缘，以卷针缝缝一圈固定到鞋子上。断线打结，藏好线头。

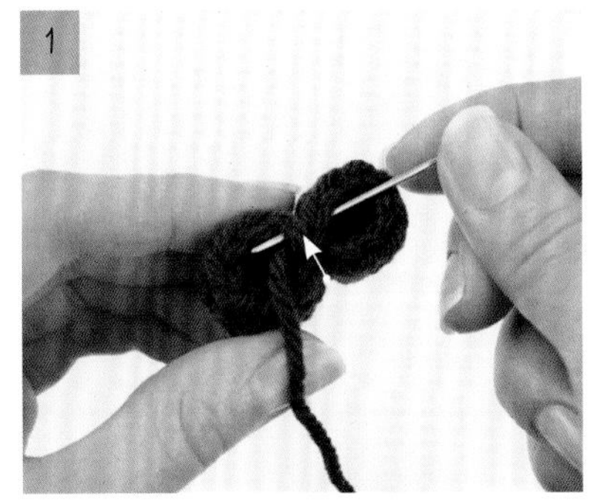

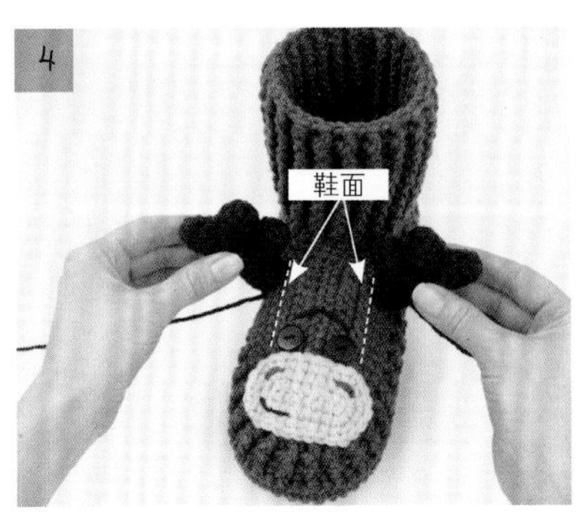

灵巧狐狸

想不想像狐狸一样灵巧？快来做一双属于自己的灵巧狐狸室内鞋吧。多做几双是一个好主意，全家人都会喜欢它们。

工具、材料和技法

线材 – 4号粗

少量MC（南瓜色）用于制作外耳，CC1（白色）用于制作面部，CC2（黑色）用于制作内耳、眼睛和鼻子。

使用MC（南瓜色）钩鞋帮，使用CC2（黑色）钩内鞋底和外鞋底。

钩针

4.25毫米（G）

补充工具和材料

- 毛线缝针和剪刀

钩编针法汇总

锁针，引拔针，短针，狗牙针，魔术环（可选）

钩编技法

片钩，修饰粗糙的边缘，加针，缝合

难度指数：●●○○

面部

每只鞋子分别制作1片左脸和1片右脸。使用CC1及4.25毫米（G）钩针片钩。

注意：
对于惯用左手的钩针编织者，根据左脸的教程来制作右脸，根据右脸的教程来制作左脸。

儿童鞋 – S, M, L

左脸

编织开始： 起2针锁针。

第1行：（正面）从钩针往回数第2针锁针钩3针短针（跳过的那针锁针不计为1针），翻面=3针。

第2行：（反面）立织1针锁针（这一针在此行及接下来的所有行都不计为1针），从第1针钩出2针短针，从下一针钩出3针短针，从最后一针钩出2针短针；翻面=7针。

第3行：（正面）立织1针锁针，从第1针钩出2针短针，接下来的2针都钩短针，从下一针钩出3针短针，狗牙针，接下来的2针都钩短针，狗牙针，从最后一针钩出2针短针，狗牙针；不要翻面=11针短针和3针狗牙针。

边缘：（正面）将织片旋转；立织1针锁针，沿着面部的底部边缘均匀地钩短针，向第3行的第1针编织引拔针。

断线打结，预留长线尾用于缝合。

右脸

编织开始： 起3针锁针，从钩针往回数第3针钩引拔针，形成一个环（或使用魔术环来起针）。

第1、2行： 编织方法同左脸。

第3行：（正面）立织1针锁针，第1针钩短针，狗牙针，在同一针钩短针，下一针钩短针，狗牙针，下一针钩短针，从下一针钩出（短针，狗牙针，2针短针），接下来的2针都钩短针，从最后一针钩出2针短针；不要翻面=11针短针和3针狗牙针。

边缘： 编织方法同左脸。断线打结，预留长线尾用于缝合。

成人鞋 – S, M, L

左脸

编织开始： 起2针锁针。

第1行：（反面）从钩针往回数第2针锁针钩3针短针，翻面=3针。

第2行：（正面）立织1针锁针（这一针在此行及接下来的所有行都不计为1针），从第1针钩出2针短针，从下一针钩出3针短针，从最后一针钩出2针短针；翻面=7针。

第3行：（反面）立织1针锁针，从第1针钩出2针短针，接下来的2针都钩短针，从下一针钩出3针短针，接下来的2针都钩短针，从最后一针钩出2针短针；翻面=11针。

第4行：（正面）立织1针锁针，从第1针钩出2针短针，接下来的4针都钩短针，从下一针钩出3针短针，狗牙针，［接下来的2针都钩短针，狗牙针］2次，从最后一针钩出2针短针，狗牙针=15针短针和4针狗牙针。

边缘：（正面）将织片旋转；立织1针锁针，沿着面部的底部边缘均匀地钩短针，向第4行的第1针编织引拔针。

断线打结，预留长线尾用于缝合。

右脸

编织开始： 起2针锁针。

第1~3行： 编织方法同左脸。

第4行：（正面）立织1针锁针，第1针钩短针，狗牙针，在同一针钩短针，下一针钩短针，狗牙针，接下来的2针都钩短针，狗牙针，下一针钩短针，从下一针钩出（短针，狗牙针，2针短针），接下来的4针都钩短针，从最后一针钩出2针短针=15针短针和4针狗牙针。

边缘： 编织方法同左脸。断线打结，预留长线尾用于缝合。

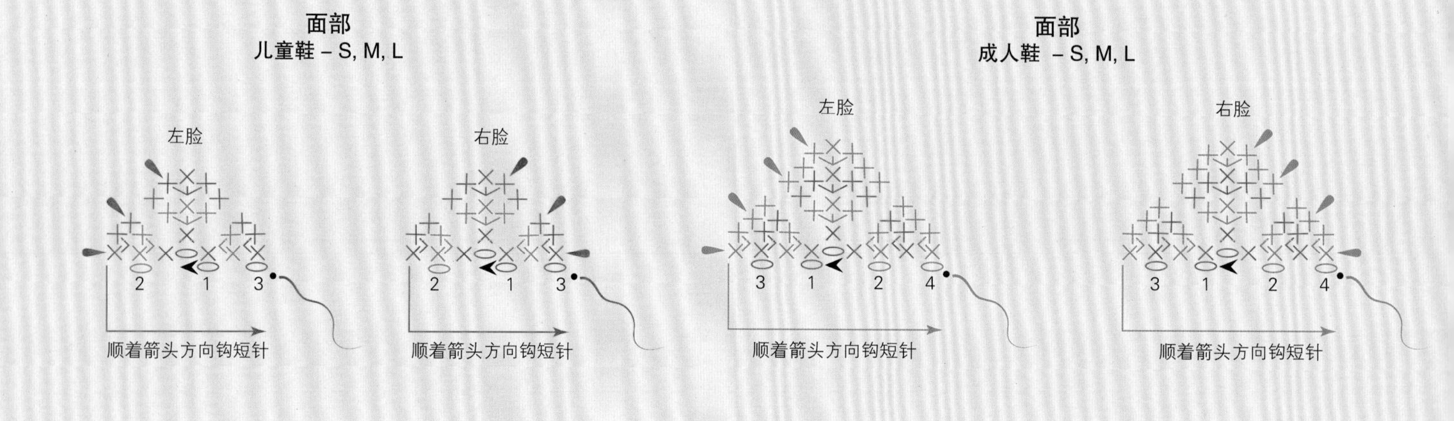

耳朵

每只鞋子制作2片，使用CC2制作内耳，使用MC制作外耳，使用4.25毫米（G）钩针片钩，根据时髦小猫拖鞋的耳朵来制作（参见第90页）。

完成鞋子

用毛线缝针穿起CC2，在面部各绣一只微笑的眼睛（参阅第121页缝合技巧）。断线打结，藏好线头。

将左脸和右脸定位在鞋头上，利用各片的CC1长线尾沿着周围以回针缝的方法将其固定到鞋子上（见图1）。断线打结，藏好线头。

用毛线缝针穿起CC2，在左右脸的内角之间，将缝针来回做几次穿缝，绣出鼻子（见图2）。断线打结，藏好线头。

以鞋面缝合线作为参考位置，将耳朵定位到鞋面缝合线内侧1行的位置（见图3）。

分别使用两只耳朵的MC长线尾，以卷针缝的方法将耳朵的底部边缘缝至鞋子上（见图4）。断线打结，藏好线头。

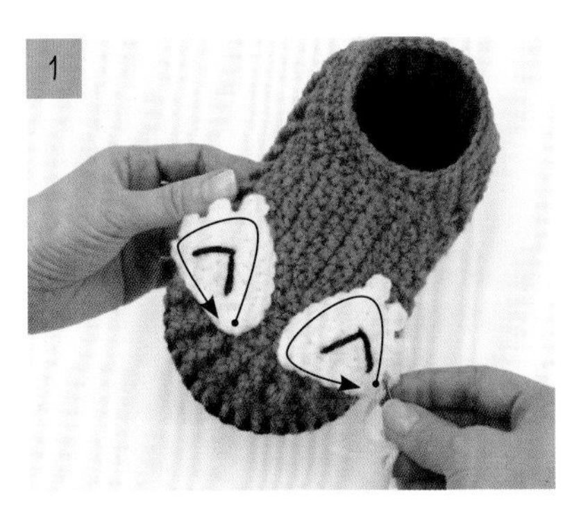

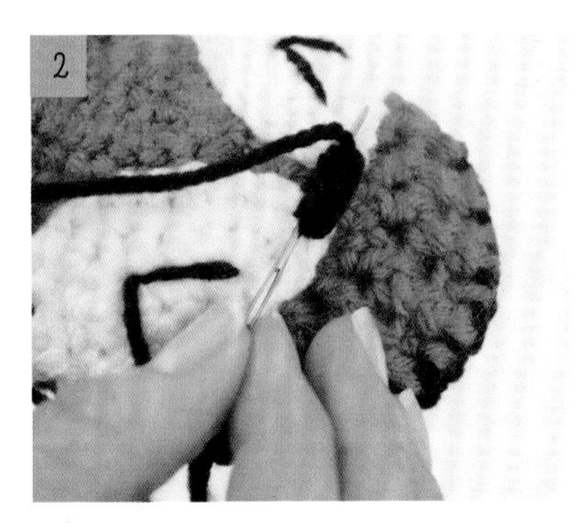

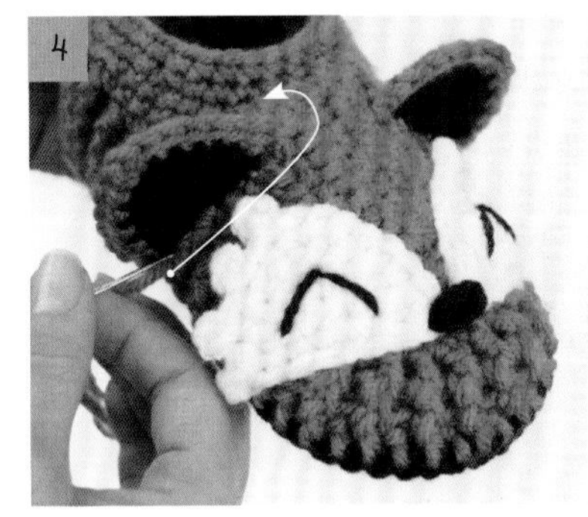

友好奶牛

当你睡前喝一杯牛奶时，这些友好的奶牛会让你的脚感到舒适。
当你需要在早晨的咖啡中加一点牛奶时，这双鞋也会很应景。

工具、材料和技法

线材－4号粗

少量CC1（亮粉色）用于制作口鼻，CC2（浅褐色）用于制作牛角和鼻孔，CC3（黑色）用于制作耳朵和斑点，CC4（赤土色系）用于制作毛发。

使用MC（白色）钩鞋帮，使用CC2（浅褐色）钩内鞋底和外鞋底。

钩针

4.25毫米（G），5.5毫米（I）

补充工具和材料

- 记号扣
- 充当眼睛的纽扣：4个直径15毫米的用于儿童鞋S（M，L），4个直径20毫米的用于成人鞋S（M，L）
- 填充棉
- 缝衣针和细线
- 毛线缝针和剪刀

钩编针法汇总

锁针，引拔针，短针，逆短针，长针，长长针，魔术环（可选），引拔连接

钩编技法

片钩和圈钩，在基础锁针行的两侧编织，加针，缝合

难度指数：●●○○

口鼻

每只鞋子制作1片。使用CC1及4.25毫米（G）钩针圈钩。

儿童鞋 – S, M, L

编织开始：起7针锁针。

第1圈：从钩针往回数第2针锁针钩短针（跳过的那针锁针不计为1针），接下来的4针锁针都钩短针，从最后一针锁针钩出3针短针；在基础锁针行的两侧继续编织，接下来的4针锁针都钩短针，从最后一针锁针钩出2针短针；引拔连接=14针。

第2圈：立织1针锁针（不计为1针），从引拔处的同一针钩出3针短针，接下来的4针都钩短针，从下一针钩出3针短针，下一针钩短针，从下一针钩出3针短针，接下来的4针都钩短针，从下一针钩出3针短针，下一针钩短针；引拔连接=22针。

断线打结，预留长线尾用于缝合。

成人鞋 – S, M, L

编织开始：起8针锁针。

第1圈：从钩针往回数第2针锁针钩短针（跳过的那针锁针不计为1针），接下来的5针锁针都钩短针，从最后一针锁针钩出3针短针；在基础锁针行的两侧继续编织，接下来的5针锁针都钩短针，从最后一针锁针钩出2针短针；引拔连接=16针。

第2圈：立织1针锁针（这一针在此圈及接下来的所有圈都不计为1针），从引拔处的同一针钩出3针短针，接下来的5针都钩短针，从下一针钩出3针短针，下一针钩短针，从下一针钩出3针短针，接下来的5针都钩短针，从下一针钩出3针短针，下一针钩短针；引拔连接=24针。

第3圈：立织1针锁针，从引拔处的同一针钩出1针短针，从下一针钩出3针短针，接下来的7针都钩短针，从下一针钩出3针短针，接下来的3针都钩短针，从下一针钩出3针短针，接下来的7针都钩短针，从下一针钩出3针短针，接下来的2针都钩短针；引拔连接=32针。

断线打结，预留长线尾用于缝合。

耳朵

每只鞋子制作2片。使用4.25毫米（G）钩针及CC3片钩。

儿童鞋 – S, M, L

编织开始：起5针锁针。

第1行：（反面）从钩针往回数第2针锁针钩短针（跳过的那针锁针不计为1针），接下来的2针锁针都钩短针，从最后一针锁针钩出3针短针；在基础锁针行的两侧继续编织，接下来的3针锁针都钩短针；翻面=9针。

第2行：（正面）立织1针锁针（这一针在此行及接下来的所有行都不计为1针），第1针钩短针，接下来的2针都钩短针，接下来的3针分别钩出2针短针，接下来的3针都钩短针；不要翻面=12针。

第3行：（正面）立织1针锁针，跳过第1针，接下来的10针都钩短针，最后一针编织引拔针=11针。

断线打结，预留长线尾用于缝合。

成人鞋 – S, M, L

编织开始：起6针锁针。

第1行：（正面）从钩针往回数第2针锁针钩短针（跳过的那针锁针不计为1针），接下来的3针锁针都钩短针，从最后一针锁针钩出3针短针；在基础锁针行的两侧继续编织，接下来的4针锁针都钩短针；翻面=11针。

第2行：（反面）立织1针锁针（这一针在此行及接下来的所有行都不计为1针），第1针钩短针，接下来的3针都钩短针，接下来的3针分别钩出2针短针，接下来的4针都钩短针；翻面=14针。

第3行：（正面）立织1针锁针，第1针钩短针，接下来的3针都钩短针，[下一针钩短针，从下一针钩出2针短针]3次，接下来的4针都钩短针；不要翻面=17针。

第4行：（正面）立织1针锁针，跳过第1针，接下来的15针都钩逆短针，最后一针编织引拔针=16针。

断线打结，预留长线尾用于缝合。

斑点

每只鞋子制作1片或2片。使用CC3圈钩，儿童鞋使用4.25毫米（G）钩针，成人鞋使用5.5毫米（I）钩针。

口鼻
儿童鞋 – S, M, L

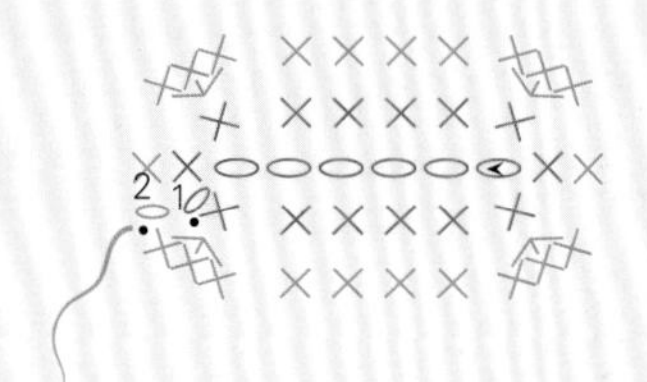

口鼻
成人鞋 – S, M, L

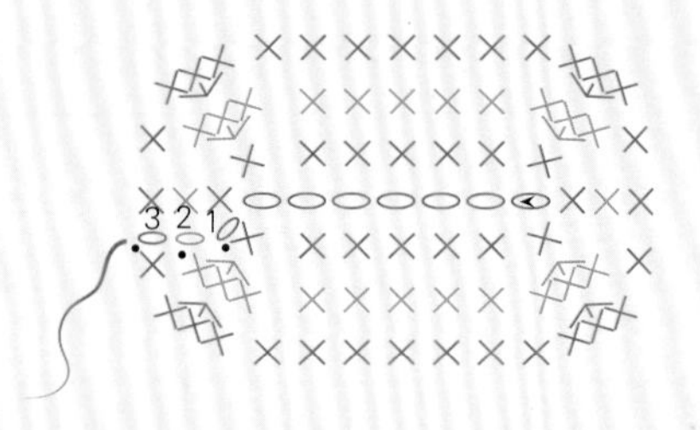

耳朵
儿童鞋 – S, M, L

耳朵
成人鞋 – S, M, L

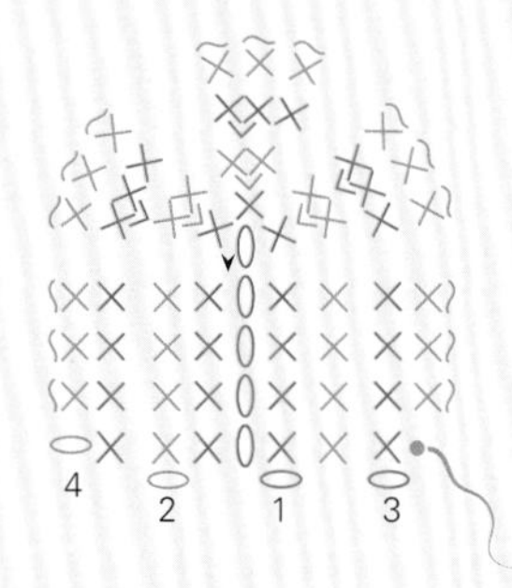

斑点
所有尺寸

编织开始：起3针锁针，从钩针往回数第3针钩引拔针，形成一个环（或使用魔术环来起针）。

第1圈：起3针锁针（计为第1针长针），从环中钩出（4针长针，3针长长针，4针长针），3针锁针，从此环编织引拔针（计为最后一针长针）=13针。

断线打结，预留长线尾用于缝合。

牛角

每只鞋子制作2片。使用CC2及4.25毫米（G）钩针螺旋圈钩。在编织的过程中每一圈的起点都用1枚记号扣做标记。

儿童鞋 – S, M, L

编织开始：起3针锁针，从钩针往回数第3针编织引拔针，形成一个环（或使用魔术环来起针）。

第1圈：立织1针锁针（不计为1针），从环中钩出6针短针；当前圈及接下来的所有圈都不做引拔连接=6针。

第2圈：从前一圈的第1针钩短针，接下来的5针都钩短针=6针。

第3、4圈：此两圈的每一针都钩短针=6针。

下一针编织引拔针，断线打结，预留长线尾用于缝合。填充好牛角。

成人鞋 – S, M, L

编织开始：起3针锁针，从钩针往回数第3针编织引拔针，形成一个环（或使用魔术环起针）。

第1圈：立织1针锁针（不计为1针），从环中钩出6针短针；当前圈及接下来的所有圈都不做引拔连接=6针。

第2圈：从前一圈的第1针钩出2针短针，接下来的2针都编织短针，从下一针钩出2针短针，接下来的2针都钩短针=8针。

第3~6圈：此四圈的每一针都钩短针=8针。

下一针编织引拔针，断线打结，预留长线尾用于缝合。填充好牛角。

完成鞋子

用毛线缝针穿起CC2，在口鼻区绣出2个鼻孔，然后将口鼻织片定位到鞋头上，利用CC1的长线尾，沿着周围以回针缝的方法将其固定到鞋头上（见图1）。断线打结，藏好线头。

至于眼睛，儿童鞋用直径15毫米的纽扣，成人鞋用直径20毫米的纽扣。将纽扣缝至鞋面缝合线的两侧（参阅第121页缝合技巧），口鼻区的正上方（见图1）。

将牛角定位到鞋面缝合线的两侧，利用牛角的CC2长线尾，沿着周围以回针缝的方法将其固定到鞋子上（见图1）。断线打结，藏好线头。

将耳朵对折，利用耳朵的CC3长线尾，以卷针缝固定粗糙的边缘（见图2）。将耳朵定位至牛角前方，鞋面缝合线外侧1行的位置（见图3），利用耳朵的CC3长线尾，沿着耳朵的底部边缘固定到鞋子上。断线打结，藏好线头。

根据你的喜好，利用CC3长线尾，以回针缝将斑点沿周围一圈固定（见图4）。断线打结，藏好线头。

使用CC4来完成毛发（见图5和图6），参考嬉皮美洲驼毛发的教程（第94、95页）。

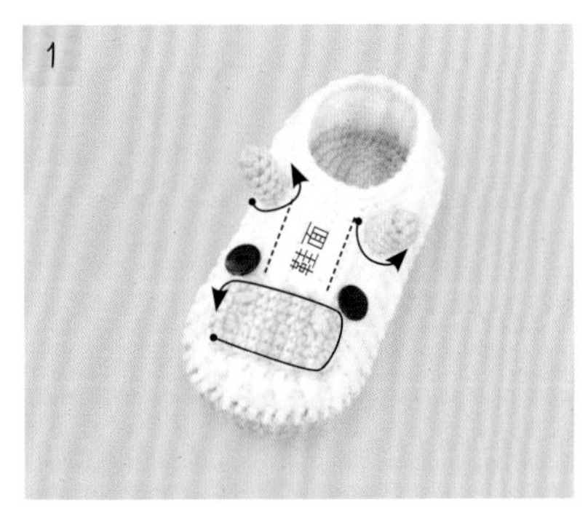

咆哮狮子

你喜欢为你引以为傲的人制作有趣的东西吗？这双狮子室内鞋可以给你家亲爱的小狮崽保暖，它们可以在任何时候扑过来，看起来也很凶猛。

工具、材料和技法

线材 – 4号粗

少量MC（金黄色）用于制作耳朵，CC1（米黄色）用于制作口鼻，CC2（深褐灰色）用于制作鬃毛，CC3（巧克力色）用于制作鼻子。

使用MC（金黄色）钩鞋帮和外鞋底，使用CC2（深褐灰色）钩内鞋底。

钩针

4.25毫米（G）

补充工具和材料

- 记号扣
- 充当眼睛的纽扣：4个直径15毫米的用于儿童鞋S（M，L），4个直径20毫米的用于成人鞋S（M，L）
- 缝衣针和细线
- 毛线缝针和剪刀

钩编针法汇总

锁针，短针，中长针，长针，圈圈针，魔术环（可选）

钩编技法

片钩和圈钩，加针，缝合

难度指数：●●●○

口鼻

每只鞋子制作1片。为了完成口鼻，先制作2个圆形织片，再将它们缝在一起。使用CC1及4.25毫米（G）钩针螺旋圈钩。在编织的过程中每一圈的起点都用1枚记号扣做标记。

儿童鞋 – S, M, L

编织开始：起3针锁针，从钩针往回数第3针钩引拔针，形成一个环（或使用魔术环来起针）。

第1圈：立织1针锁针（不计为1针），从环中钩出6针短针；当前圈及接下来的所有圈都不做引拔连接=6针。

第2圈：从前一圈的第1针钩出2针短针，从接下来的5针分别钩出2针短针=12针。

下一针编织引拔针，断线打结，第1片圆形织片预留长线尾用于缝合，第2片圆形织片则将线尾藏好。

成人鞋 – S, M, L

编织开始：起3针锁针，从钩针往回数第3针钩引拔针，形成一个环（或使用魔术环来起针）。

第1、2圈：编织方法同儿童鞋。

第3圈：［下一针钩短针，从下一针钩出2针短针］6次=18针。

下一针编织引拔针，断线打结，第1片圆形织片预留长线尾用于缝合，第2片圆形织片则将线尾藏好。

完成口鼻

将2片圆形织片并排放置，相切的3针使用第1片圆形织片的CC1长线尾进行卷针缝固定。先不断线，留着线尾用于随后的组装。

耳朵

每只鞋子制作2片。使用MC及4.25毫米（G）钩针片钩。

儿童鞋 – S, M, L

编织开始：起3针锁针，从钩针往回数第3针钩引拔针，形成一个环（或使用魔术环来起针）。

第1行：（反面）立织1针锁针（这一针在此行及接下来的所有行都不计为1针），从环中钩出4针中长针；翻面=4针。

第2行：（正面）立织1针锁针，从第1针钩出2针短针，从接下来的3针分别钩出2针短针=8针。

断线打结，预留长线尾用于缝合。

成人鞋 – S, M, L

编织开始：起3针锁针，从钩针往回数第3针钩引拔针，形成一个环（或使用魔术环来起针）。

第1行：（反面）立织3针锁针（计为1针长针），从环中钩出5针长针；翻面=6针。

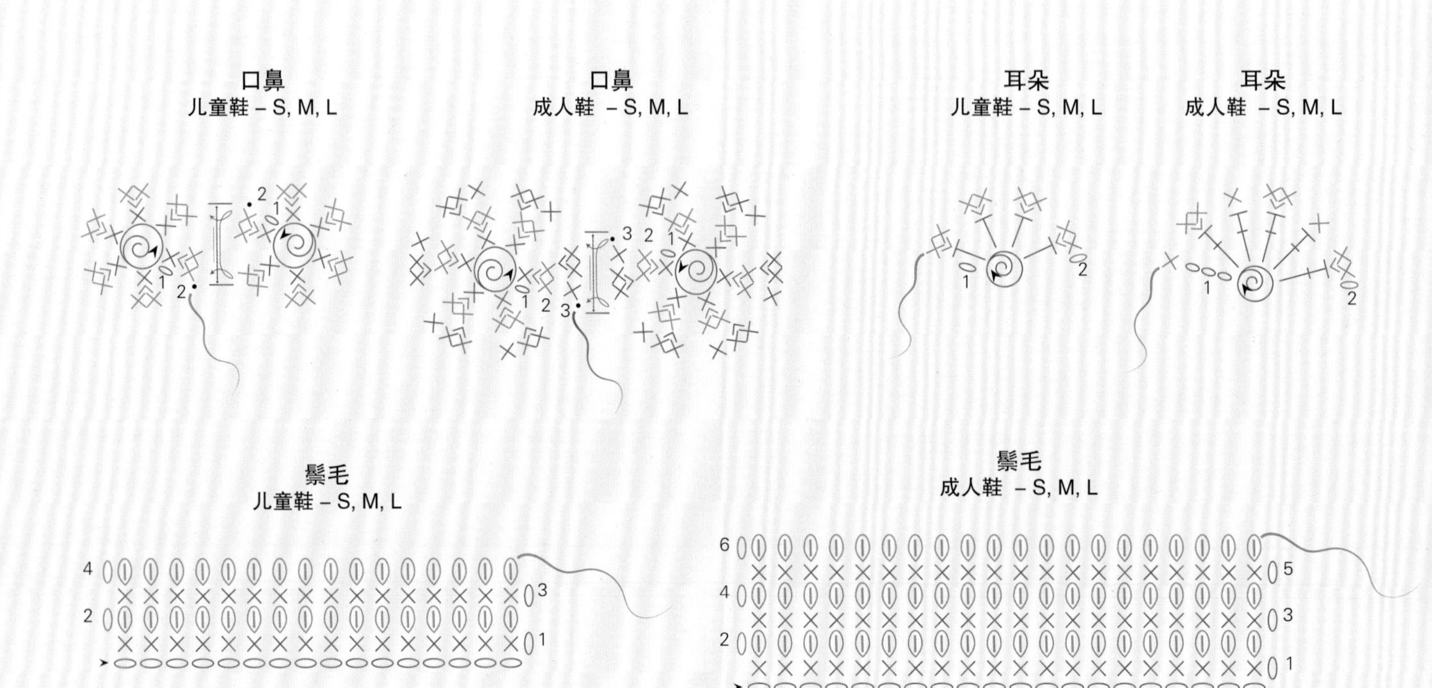

第2行：（正面）立织1针锁针（不计为1针），从第1针钩出2针短针，下一针钩短针，［从下一针钩出2针短针，下一针钩短针］2次=9针。

断线打结，预留长线尾用于缝合。

鬃毛

每只鞋子制作1片。使用4.25毫米（G）钩针及CC2片钩。

儿童鞋 – S, M, L

编织开始：起17针锁针。

第1行：（正面）从钩针往回数第2针锁针钩短针（跳过的那针锁针不计为1针），每一针锁针都钩短针；翻面=16针。

第2行：（反面）立织1针锁针（这一针在此行及接下来的所有行都不计为1针），第1针钩圈圈针，这一行的每一针都钩圈圈针；翻面=16针。

第3行：（正面）立织1针锁针，第1针钩短针，每一针都钩短针；翻面=16针。

第4行：编织方法同第2行。

断线打结，预留长线尾用于缝合。

成人鞋 – S, M, L

编织开始：起21针锁针。

第1行：（正面）从钩针往回数第2针锁针钩短针（跳过的那针锁针不计为1针），每一针锁针都钩短针；翻面=20针。

第2行：（反面）立织1针锁针（这一针在此行及接下来的所有行都不计为1针），第1针钩圈圈针，这一行的每一针都钩圈圈针；翻面=20针。

第3行：（正面）立织1针锁针，第1针钩短针，每一针都钩短针；翻面=20针。

第4、5行：重复第2、3行。

第6行：编织方法同第2行。

断线打结，预留长线尾用于缝合。

完成鞋子

将口鼻织片定位到鞋头上，利用口鼻的CC1长线尾，沿着周围以回针缝的方法将其固定到鞋头上（见图1）。断线打结，藏好线头。

用毛线缝针穿起CC3，在口鼻区的两个圆形织片中间上方绣一个T形的鼻子（参阅第121页缝合技巧）。断线打结，藏好线头。

至于眼睛，儿童鞋用直径15毫米的纽扣，成人鞋用直径20毫米的纽扣。将纽扣缝至鞋面缝合线的两侧（参阅第121页缝合技巧），口鼻区的正上方（见图1）。

将耳朵定位至蓬松鬃毛的左右两侧，在圈圈针外侧1~2针的位置。利用耳朵的MC长线尾，沿底部边缘以卷针缝固定到鬃毛上（见图2）。断线打结，藏好线头。

将完成后的鬃毛的第1行圈圈针定位到眼睛上方（鬃毛的前侧），利用CC2长线尾，以卷针缝固定到鞋子上（见图3）。断线打结，藏好线头。

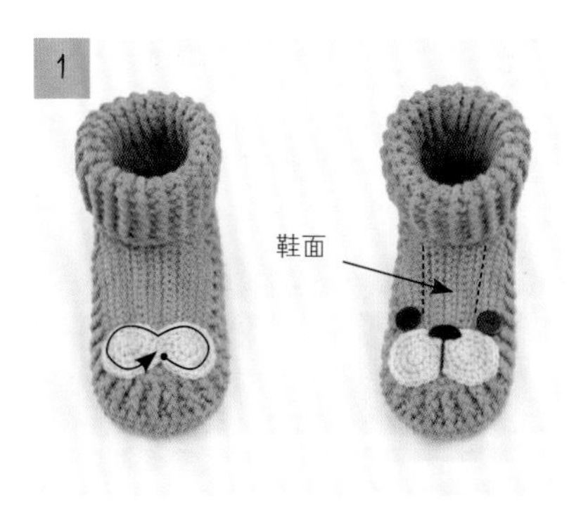

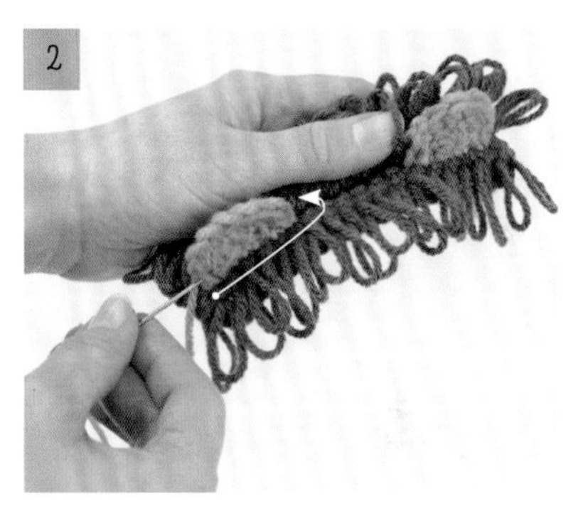

附加教程

难度指数：●○○○

如果你刚开始学习钩针编织，尝试这个初级水平的作品，来制作你的第一双室内鞋，然后再挑战难度更高的作品。适合初学者尝试的动物款式包括憨厚哈巴狗、可爱小熊、快乐企鹅、贪睡考拉、青苔树懒、时髦小猫、嬉皮美洲驼。

线材：中粗（4）

钩针： 5.5毫米（I）

密度：每10厘米×10厘米面积内14针短针×16圈

钩编针法汇总：锁针，短针，魔术环（可选）

钩编技法：片钩和圈钩，修饰粗糙的边缘，加针，缝合

1

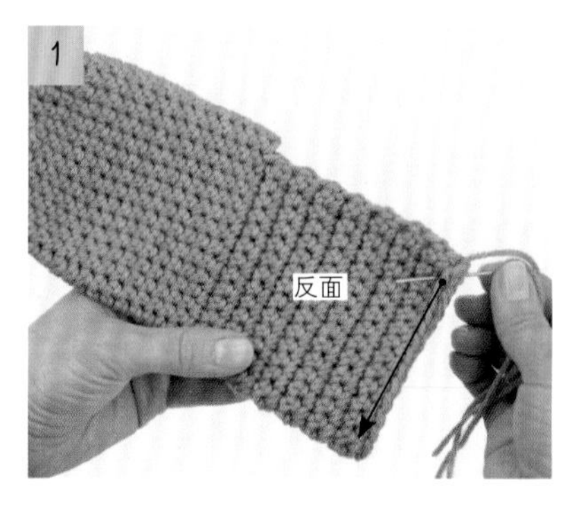

2

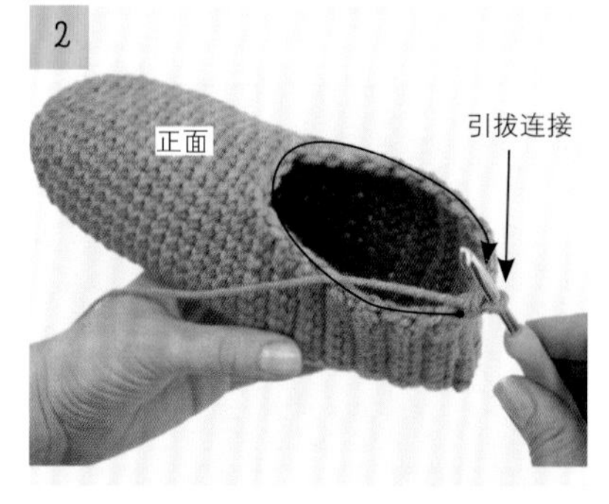

3

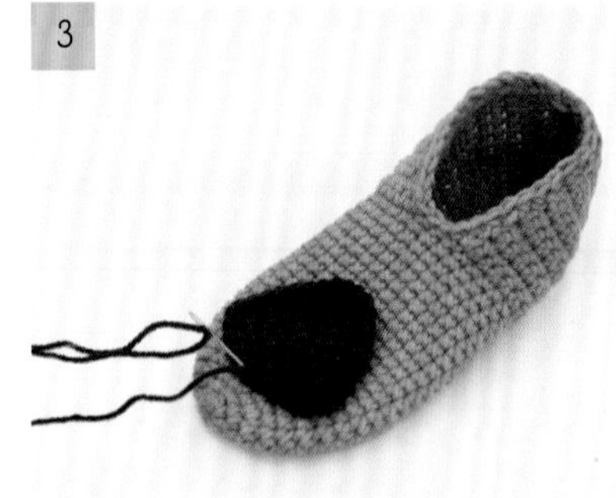

从螺旋圈钩开始，使用5.5毫米（I）钩针，毛线参考该动物作品所推荐的颜色。在编织的过程中每一圈的起点都用1枚记号扣做标记。

<table>
<tr><th rowspan="2">所在圈/行</th><th colspan="3">儿童鞋</th><th colspan="3">成人鞋</th></tr>
<tr><th>小码（S）</th><th>中码（M）</th><th>大码（L）</th><th>小码（S）</th><th>中码（M）</th><th>大码（L）</th></tr>
<tr><td>编织开始</td><td colspan="6">起3针锁针，从钩针往回数第3针锁针编织引拔针，形成一个环（或使用魔术环起针）</td></tr>
<tr><td>1</td><td colspan="6">立织1针锁针（不计为1针），从环中编织6针短针；当前圈/行及接下来的所有圈/行都不要引拔连接=6针</td></tr>
<tr><td>2</td><td colspan="6">从前一圈/行的第1针钩出2针短针，从接下来的5针分别钩出2针短针=12针</td></tr>
<tr><td>3</td><td colspan="6">［下一针钩短针，从下一针钩出2针短针］6次=18针</td></tr>
<tr><td>4</td><td colspan="6">这一圈/行的每一针都钩短针=18针</td></tr>
<tr><td>5</td><td colspan="6">［接下来的2针都钩短针，从下一针钩出2针短针］6次=24针</td></tr>
<tr><td>6</td><td colspan="6">这一圈/行的每一针都钩短针=24针</td></tr>
<tr><td>7</td><td colspan="3">—</td><td colspan="3">［接下来的3针都钩短针，从下一针钩出2针短针］6次= 30针</td></tr>
<tr><td>8</td><td colspan="3">—</td><td colspan="3">这一圈/行的每一针都钩短针=30针</td></tr>
<tr><td>接下来</td><td>第6圈/行继续重复8次</td><td>第6圈/行继续重复9次</td><td>第6圈/行继续重复10次</td><td>第8圈/行继续重复10次</td><td>第8圈/行继续重复12次</td><td>第8圈/行继续重复14次</td></tr>
<tr><td colspan="7">继续以片钩的方式编织鞋跟</td></tr>
<tr><td>1</td><td colspan="3">（正面）接下来的22针都钩短针，留下2针不钩=22针</td><td colspan="3">（正面）接下来的28针都钩短针，留下2针不钩=28针</td></tr>
<tr><td>2</td><td colspan="3">立织1针锁针（不计为1针），第1针钩短针，接下来的21针都钩短针；翻面=22针</td><td colspan="3">立织1针锁针（不计为1针），第1针钩短针，接下来的27针都钩短针；翻面=28针</td></tr>
<tr><td>接下来</td><td colspan="6">重复上一圈/行，直到作品的长度离你的足长还差1.25厘米</td></tr>
</table>

断线打结，预留长线尾用于缝合。将作品的反面朝向你，将最后一行的底部对折，以卷针缝的方法固定（见图1）。断线打结，藏好线头，将鞋子翻回正面。

边缘：保持正面朝上，在后方接缝处做引拔连接，然后均匀地沿着脚踝边缘钩短针，与第1针引拔连接。断线打结，藏好线头（见图2）。

小窍门

当缝合动物造型织片时，将鞋头压平会更好定位和缝合部件（见图3）。注意只穿过鞋头的第1层来做缝合，千万别把鞋底也缝住。

其他构想

设计混搭

将设计混合搭配，让你的创意大放异彩。下面是一些初步的想法，将来自不同设计的不同造型进行组合，来创作新的作品。这些组合的可能性是无穷无尽的，我迫不及待想看到你的想象力会如何发挥！

独角兽猫

独角兽猫是独角兽和小猫的组合。你可以用相同的思路，用其他动物来与独角兽混搭。例如，尝试制作独角兽驼鹿或独角兽熊猫。

先按照时髦小猫的教程制作口鼻和耳朵，然后按照独角兽的教程制作角、星星和鬃毛。绣上微笑的眼睛，完成小猫的面部，然后将角缝在鞋面的中间，面部的上方。将耳朵定位到角的前面，离鞋面缝合线1行的位置（见图1）。按照时髦小猫的做法完成毛发的部分。使用2套卷曲的鬃毛，来制作独角兽猫的尾巴（见图2）。将星星缝在喜欢的位置。

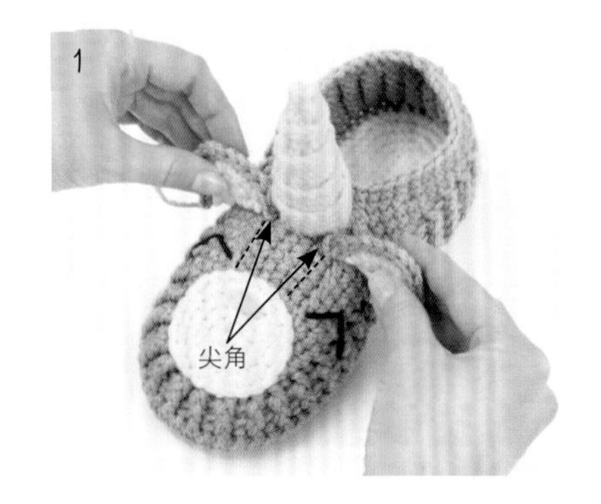

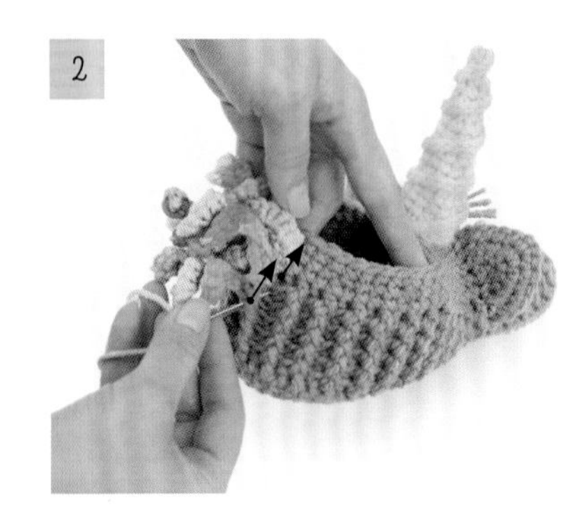

智慧猫头鹰

智慧猫头鹰是企鹅和恐龙的组合。

按照快乐企鹅的教程制作面部，省略掉纽扣眼睛。按照企鹅嘴巴的教程制作2只耳朵，但是换成4.25毫米（G）钩针。最后，按照活力恐龙的角的做法来制作嘴巴。

按照企鹅教程的方法，将面部缝到鞋子上。将嘴巴定位到面部中间，使其上边缘与面部的圆形中间对齐。利用嘴巴的长线尾，以卷针缝固定嘴巴顶部边缘，以回针缝固定其余的边缘（见图1）。利用同一条线尾，在面部的两个圆形上分别绣一道横线作为嗜睡的眼睛（参阅第121页缝合技巧）。断线打结，藏好线头。

将耳朵分别定位到面部的上方外侧，向侧边倾斜。利用耳朵的长线尾，沿着底部边缘以卷针缝缝合，保持余下的边缘不缝合。在顶部拐角的1行内侧处卷针缝几针，以固定耳朵（见图2）。断线打结，藏好线头。

在耳朵的顶部拐角增加2束流苏，修剪线尾成短流苏（见图3）。

有用信息

钩编术语

下面为钩编术语对照表，如有需要，请参考下表。

英文缩略语	符号	美式（US）术语	英式（UK）术语	中文名称
ch	○	chain	chain	锁针
sl st	●	slip stitch	slip stitch	引拔针
sc	×	single crochet	double crochet	短针
hdc	T	half double crochet	half treble crochet	中长针
dc	⫪	double crochet	treble crochet	长针
tr	⫪	treble crochet	double treble crochet	长长针
		skip	miss	跳过
		gauge	tension	密度

缩略语

以下表格列出了钩针编织中的标准英文缩略语和符号。

英文缩略语	中文名称	符号	意义
arch	锁针弧	5	锁针弧是指花样中出现的3针或3针以上的锁针；遇到锁针弧时，除非教程特别说明，否则都是将钩针送入它的下方（而非送入具体的某一针）来编织
beg	起点		起点（的）
beg PC	起点处的爆米花针		起点处的爆米花针：钩3针锁针（计为1针长针），在同一针内钩出4针长针，将钩针从线圈上取出，从前向后送入开始的3针锁针的顶部，将（最后一针长针的）线圈重新挂回钩针上，然后拉出
bpdc	内钩长针		内钩长针：钩针挂线，将钩针绕着针目根部从后向前再向后入针，挂线，拉出1个线圈，［挂线，穿过钩针上的2个线圈一起拉出］2次
CC	配色线		配色线（若花样中不止一种配色线，则可能后面还带数字标序）
ch(s)	锁针		锁针：钩针挂线，从钩针上的线圈拉出
ch–			表示之前钩出的若干锁针或空位（例如：2针锁针空位）
dc	长针		长针：钩针挂线，往针目入针，挂线，拉出1个线圈，［挂线，穿过钩针上的2个线圈一起拉出］2次
dc2tog	长针的2针并1针（减针）		长针的2针并1针（减针）：［钩针挂线，往下一针入针，挂线，拉出1个线圈，挂线，穿过钩针上的2个线圈一起拉出］2次，挂线，穿过钩针上的所有线圈一起拉出
	1针放2（或3）针长针的加针		1针放2（或3）针长针的加针：从同一针或同一个空位钩出2（或3）针长针
			指示方向
fasten off	断线打结		剪断毛线，将线尾从最后一个线圈拉出并抽紧
FLO	外半针		外半针：在教程指定位置全部只挑外半针来操作
fpdc	外钩长针		外钩长针：钩针挂线，将钩针绕着针目根部从前向后再向前入针，挂线，拉出1个线圈，［挂线，穿过钩针上的2个线圈一起拉出］2次
hdc	中长针		中长针：钩针挂线，往针目入针，挂线，拉出1个线圈，挂线，穿过钩针上的所有线圈一起拉出
join	引拔连接		引拔连接：与第1针的顶部编织引拔针连接，而非1针锁针（见钩编技法）
lp(s)	圈圈针		圈圈针：食指压住线绕一圈，将钩针送入针目，越过食指的位置，在线的后方钩住远侧的线，穿过这一针拉出两根线（钩针上共有3个线圈）；圈圈的大小可通过食指压线的松紧来调整，挂线，穿过钩针上的3个线圈一起拉出；将圈圈从食指上释放
			魔术环或3针锁针连接的环
marker	记号	A	记号（以字母来表示）
MC	主色线		主色线：主要颜色的线

英文缩略语	中文名称	符号	意义
PC	爆米花针		爆米花针：按图解所示钩5针长针，将钩针从线圈上取出，从前向后送入第1针长针的顶部，将（最后一针长针的）线圈重新挂回钩针上，然后拉出
picot	狗牙针		狗牙针：钩3针锁针，将钩针从右向左送入之前的针目（这一针的基础）的前半针和底部的1根线，挂线，从钩针上的所有线圈一起拉出
rnd(s)	圈		圈：螺旋圈钩，或按图解所示，对每一圈进行连接
row(s)	行		行：按图解所示，在每一行编织完成后都翻面
RS	正面		正面（作品的外侧）
rsc	逆短针		逆短针（蟹针）：将钩针从前向后送入针目的右方，挂线拉出，挂线，从钩针上的所有线圈拉出（左利手入针时，将钩针送入针目的左方而非右方）
sc	短针	×	短针：将钩针送入针目，挂线拉出1个线圈，挂线，从钩针上的所有线圈拉出
sc2(3)tog	短针的2（或3）针并1针		短针的2（或3）针并1针：［将钩针送入下一针，挂线，拉出1个线圈］2（或3）次，挂线，从钩针上的所有线圈拉出。或使用隐形减针法（见钩编技法）
			1针放2（或3）针短针的加针：从同一针或同一个空位钩出2（或3）针短针
			接缝
shell	贝壳针		贝壳针是在同一个空位钩了一组针：［2针长针，狗牙针］3次，长针
sl st	引拔针	●	引拔针：将钩针送入针目，挂线，从钩针上的所有线圈拉出
sp	空位		空位是由1针或多针锁针构成的间隙，也可以是2针或2组针目之间的间隔。遇到锁针空位或针目之间的间隔时，将钩针送入空位的中间（而非具体的某一针）来编织
st(s)	针（数）		针（数）
tr	长长针		钩针挂线2次，往针目入针，挂线，拉出1个线圈，［挂线，穿过钩针上的2个线圈一起拉出］3次
WS	反面		反面（作品的内侧）
yd(s)	码		码
yo	钩针挂线		钩针挂线
			留作缝合的线尾
		[ ]	按中括号后面的次数，来进行中括号内的操作
		( )	圆括号用于解释或指明一组针目的操作，也可对不同尺寸做区分
		* / **	星号被用作参照符号
		=	等于号用在一行/圈的做法的末尾，表示总针数的变化

钩编技法

隐形减针（短针的2针并1针）

隐形减针是一种极佳的减针方法，可以避免普通减针方法会产生的小间隙或凸起。这个方法可以在鞋子的鞋面区域做减针时带来平滑且均匀的纹理。

隐形的短针的2针并1针：［将钩针从前向后送入下一针的前半针］2次（见图1），挂线，从钩针上的2个前半针一起拉出（见图2），挂线，从余下的2个线圈一起拉出。

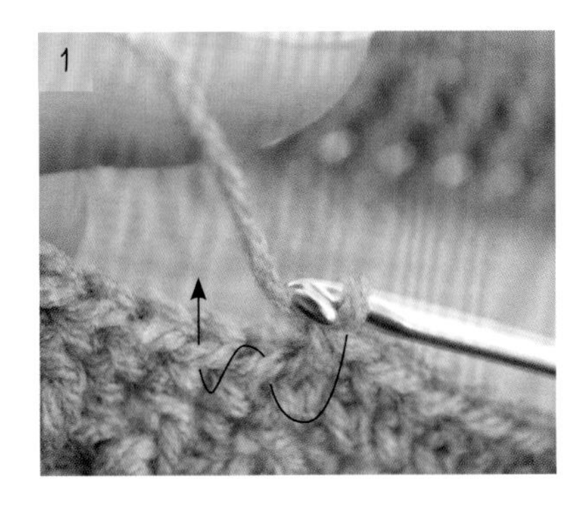

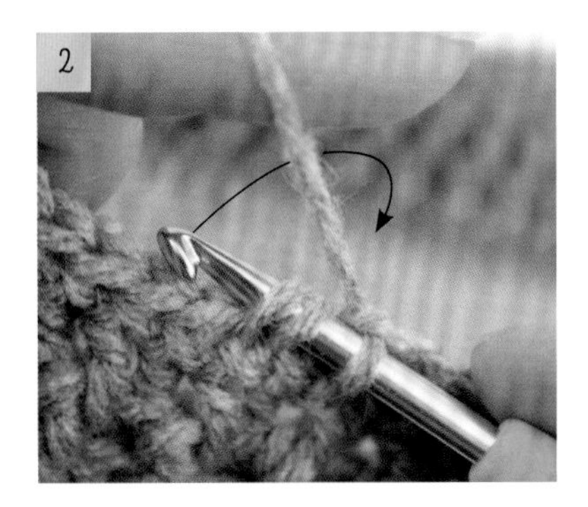

基础锁针行的两侧

在基础锁针行的两侧编织，形成椭圆形、半椭圆形或其他形状的织片的第1圈（行）。

顺着基础锁针行对每一针锁针进行挑针，钩出所需的全部针数，在最后一针锁针做加针（见图3）。旋转织片，沿着基础起针行底部的线圈挑针（见图4）。

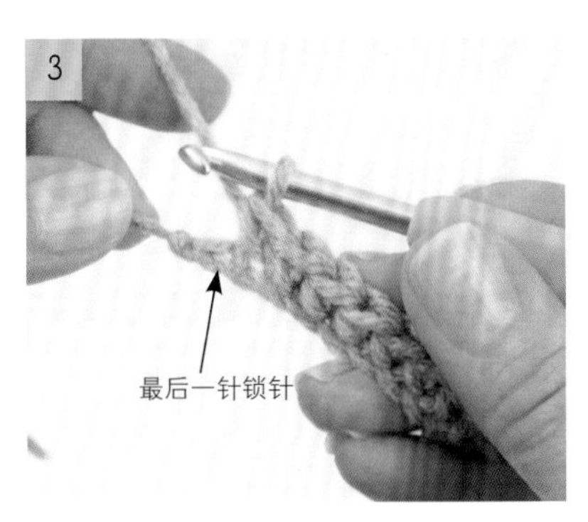

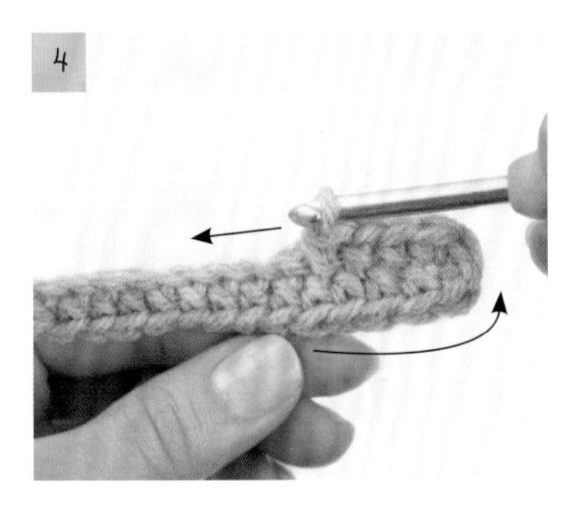

修饰粗糙的边缘

为避免沿着针目的侧边（粗糙的边缘）编织时产生间隙，挑针时将钩针穿过针目，而非直接在针目下方入针（见图5）。

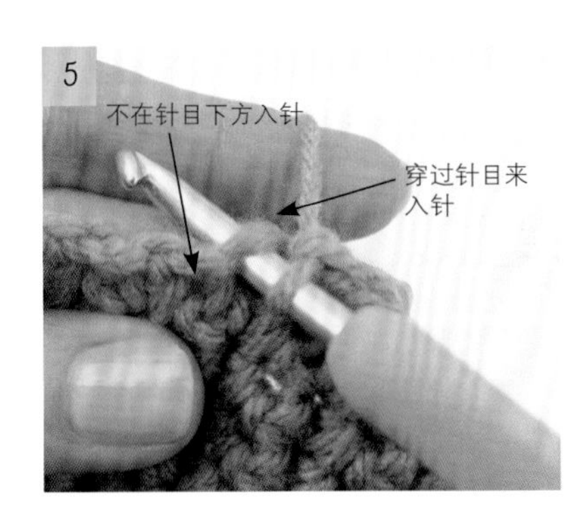

圈钩时的连接

当你对一圈做连接时，将钩针送入第1针顶部的线圈，而非送入锁针中（见图6）。由于立织的锁针不计为1针，每一圈都从引拔的同一针开始。

引返编织

引返编织是一种非常好用的技巧，尤其是在你需要创造没有缝合痕迹的立体形状时，例如本书的鞋帮。进行引返编织时，教程会指引你编织到一圈的特定位置，然后翻面来回编织。记号扣将帮助你跟踪引返编织的起点，你也可以在编织过程中移动记号扣。

藏线头

整洁的结束工作，是让作品看起来专业的关键步骤。藏线头的方法，是用毛线缝针穿起线头，然后将其穿进反面行的针目中，针目离打结位置大约3.8厘米。然后调转针头，跳过掉头后的第1针，以相反的方向将缝针穿过其余相同的针目。如果需要的话，再掉头并重复一次藏线头的操作，以增加安全性。修剪剩下的线尾。

教程中会写明，当下的线头是需要藏起还是留长线尾用于缝合。但是，如果没有特别说明，请在一开始就将线头藏好。

> **小窍门**
>
> 你可以在反面用一滴布用胶水来隐藏不同配色的线尾，使它不在正面露出来。每次使用胶水前必须做测试。

护理指引

手洗会让你的室内鞋更耐穿，而且不会变形。如果你喜欢使用洗衣机，一定要阅读所有线材标签上关于护理的说明，以便在洗衣机上选择正确的温度和模式。

虽然一些鞋子可以在低温温和模式下机洗，但我强烈建议你不要使用洗衣机来洗那些增加了立体零件的作品，例如独角兽鞋子的填充角和驼鹿鞋子的鹿角，这些物品只能用手洗。

如何手洗

- 在水槽或脸盆中装上温水还是冷水，取决于线材标签上的建议。
- 加入洗衣粉或洗碗剂。
- 将鞋子浸入水中，泡15~30分钟。
- 轻轻地挤压你的鞋子以去掉水分，注意不要用拧的方法。
- 重新在水槽或脸盆中装上干净的清水，轻轻漂洗你的鞋子。如有需要，可重复漂洗。
- 将水挤出，使用毛巾裹住鞋子卷起来，以吸收多余的水。
- 将鞋子平放在干净的干毛巾上，等待其自然风干。

以下情况请勿烘干

- 如果线材的护理标签上写明不允许机器烘干。
- 鞋子带有使用网状防滑垫制作的防滑鞋底。
- 鞋子使用了布用胶水。
- 鞋子使用羊毛线制作。
- 鞋子使用了可能在高温下熔化的合成纤维。

缝合技巧

刺绣针法

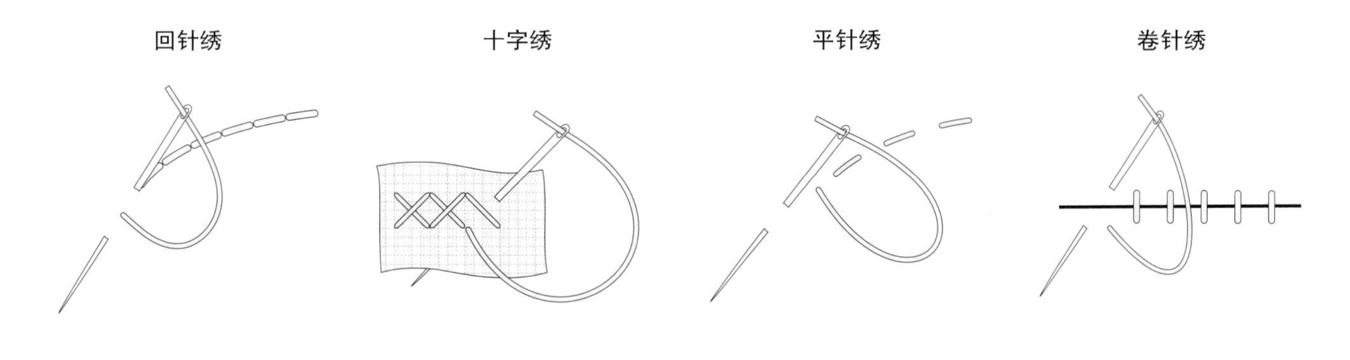

形状绣法

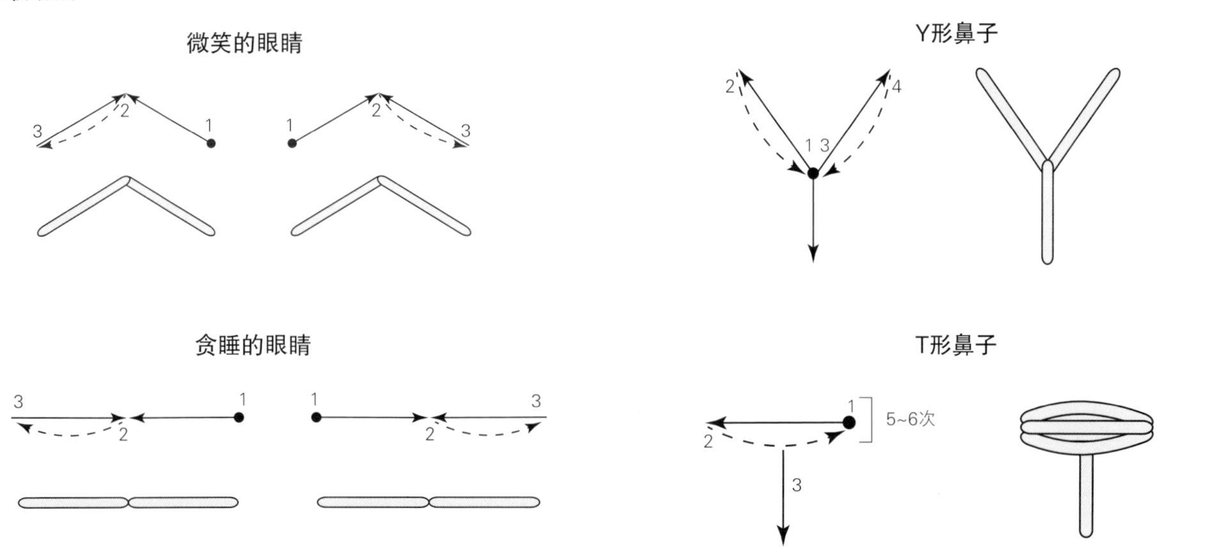

钉纽扣

完成动物的眼睛，你需要：

- 2~4个眼的扁平纽扣
- 结实的多用型缝纫线
- 细缝衣针

你需将缝衣针穿线，在线尾打结，准备缝合。

有些作品会写明将纽扣缝在某一块单独制作的织片上，而这些织片暂时还没组装到鞋子上（可能是眼睛的外部、面部、眼部补丁）。这种情况下，将纽扣定位好，和织片握在一起。将穿好缝纫线的缝衣针上下穿过纽扣眼和织片，直到稳稳地固定住（见图1）。

如果需要将眼睛直接缝到鞋子上，穿过鞋子的内侧来推缝衣针看似有点困难，但是请别担心，因为这不是必要的。以下是一些有用的小窍门：

将眼睛定位在所需位置上，对准织物上的那一点用缝纫线做固定。将缝衣针向上穿过第1个纽扣眼，然后往下穿进第2个纽扣眼，同时贴着鞋面的第1层穿出（见图2）。将缝纫线全部拉出并拽紧。接下来将缝衣针向上穿回第1个纽扣眼（见图3），然后重复以上操作，直到纽扣被稳稳地固定住。

有些设计是使用白色手工毛毡来衬托眼睛（例如憨厚哈巴狗、摇滚熊猫、淘气浣熊和顽皮猴子）。

在准备眼睛时，简单缝几针将纽扣缝到一块毛毡上进行固定（见图4）。使用尖利的剪刀，沿着纽扣的外侧溢出一点下刀，剪出圆形的毛毡片（见图5）。

用缝衣针穿过纽扣眼、毛毡和织物面，将眼睛定位并缝合在鞋子上（见图6和图7），方法与不带毛毡垫片的眼睛相同。

注意：
对于很小的孩子而言，纽扣并不安全。你可以使用黑色的毛线来代替纽扣绣出眼睛。

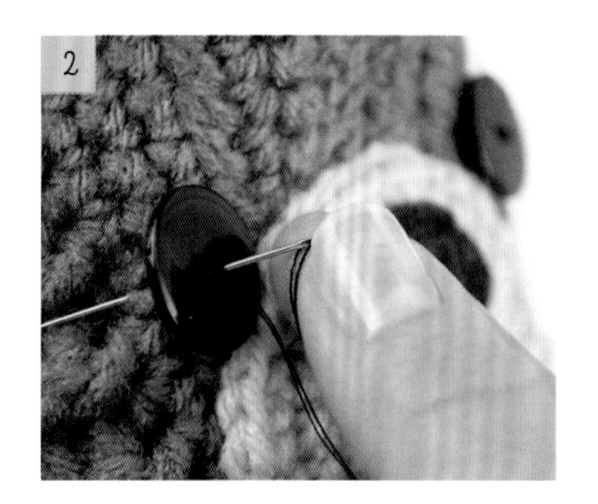

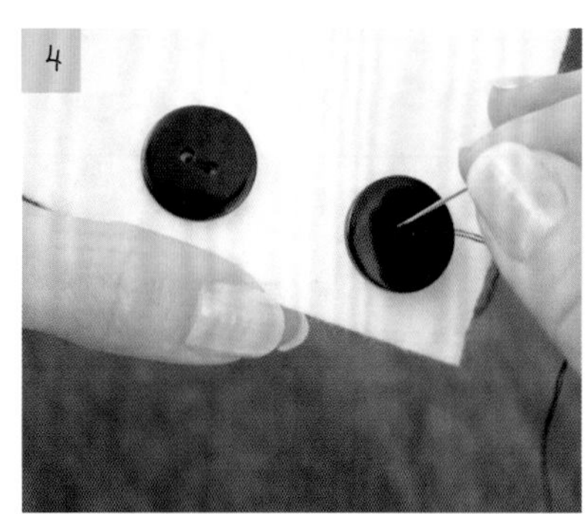

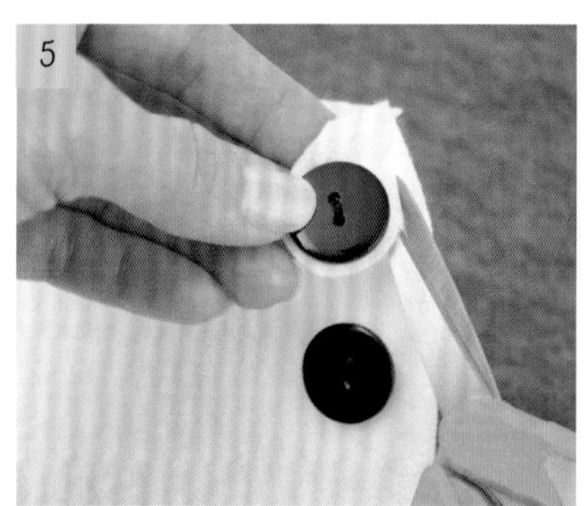

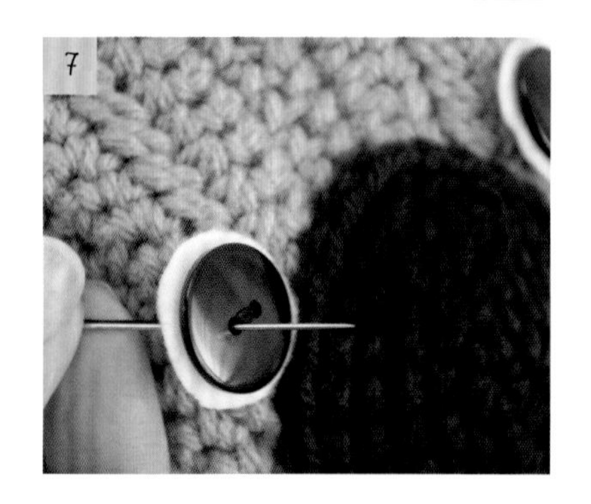

小窍门

如果你的纽扣有4个眼，一次穿过2个眼，然后对余下的2个眼重复穿缝的操作。

连接鞋面

鞋面的弧线部分需要拼接得非常准确，这对你的鞋子的最终外观是至关重要的。选择难度指数适合你的连接方法，仔细遵循步骤，不要改变指令，以避免鞋子缝歪。

卷针缝

用毛线缝针穿起鞋面处的长线尾，只挑外半针（FLO），将两条边缝在一起，方法如下。

准备：

将缝针从鞋子记号扣A所在的针目和鞋面织片的第1针拉出，穿针位置位于半针下方，穿针顺序为从鞋子（此处指鞋面之外的部分，如下图所示）穿向鞋面。

第1步：

将缝针穿过鞋子和鞋面的下一组针目，穿针位置位于半针下方，穿针顺序为从鞋子穿向鞋面。

重复第1步的操作，最后一组针目为鞋子的记号扣B所在的针目和鞋面的最后一针。

完成缝合后，在藏线头之前，先检查鞋面是否对直。如果你不小心漏缝了1针，鞋面会变歪，需要拆掉缝线重来。

注意：

挑外半针来做卷针缝很重要，因为如果挑2根线，缝合位置会倾斜。

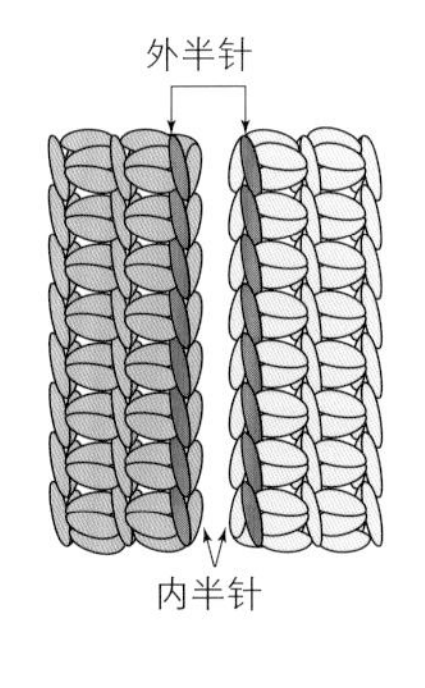

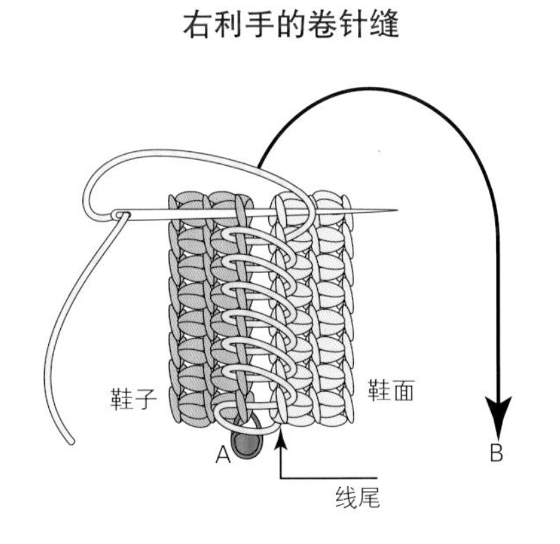

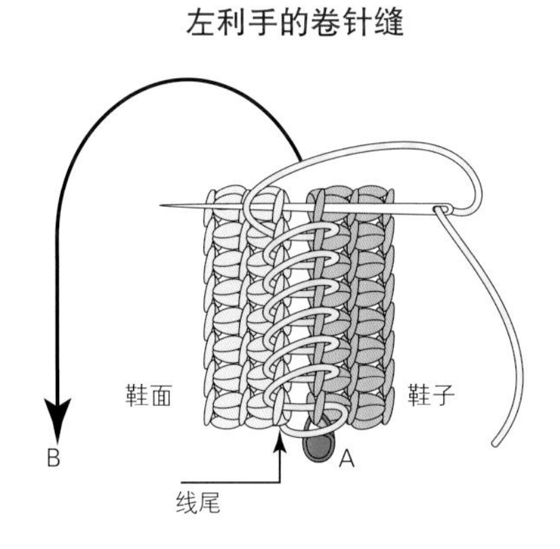

引拔连接

使用鞋面的长线尾及3.5毫米（E）钩针，将两条边用钩编的方法缝在一起，方法如下。

准备：

钩针从前向后挑起2根线，与鞋子的记号扣A所在的针目编织引拔针。

钩针从前向后挑起2根线，与鞋面的第1针编织引拔针。

第1步：

钩针从前向后挑起2根线，向鞋子的下一针编织引拔针。

第2步：

钩针从前向后挑起2根线，向鞋面的下一针编织引拔针。

重复第1步和第2步的操作，最后一组引拔发生在鞋子的记号扣B所在针目和鞋面的最后一针。

完成缝合后，在藏线头之前，先检查鞋面是否对直。如果你不小心漏缝了1针，鞋面会变歪，需要拆掉缝线重来。

图示见下一页

右利手的引拔连接　　　　左利手的引拔连接

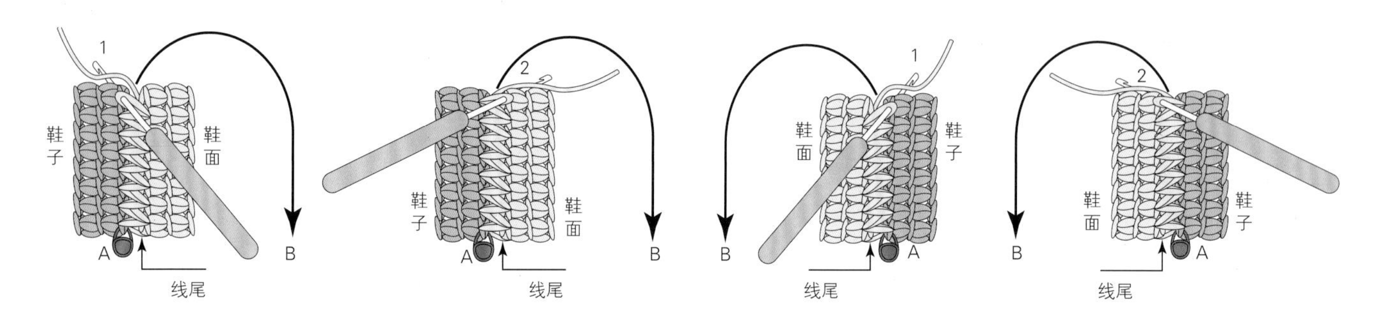

挑针缝合

用毛线缝针穿起鞋面的长线尾，将两条边缝合，方法如下。

准备：

将缝针从后向前挑起2根线，穿入鞋子记号扣A所在的针目。

将缝针从后向前挑起2根线，穿入鞋面的第1针。

第1步：

将缝针从后向前挑起2根线，穿入鞋子的下一针。

第2步：

将缝针从后向前挑起2根线，穿入鞋面的下一针。

重复第1步和第2步的操作，最后一组缝合发生在鞋子的记号扣B所在针目和鞋面的最后一针。

完成缝合后，在藏线头之前，先检查鞋面是否对直。如果你不小心漏缝了1针，鞋面会变歪，需要拆掉缝线重来。

右利手的挑针缝合　　　　左利手的挑针缝合

左手钩编

如果你是一位惯用左手的钩针编织者，简单地遵循完全相同的提示即可，但编织的方向相反。圈钩时按顺时针方向钩编，片钩时从左向右钩编。左利手的钩编方法与右利手的钩编方法呈镜像对称。右侧是一些制作包跟鞋、靴子和拖鞋的镜像图片。

1.对双层鞋底进行连接时，在右侧记号扣处接线，而非左侧记号扣处（见图1）。

2.保持外侧鞋底朝向你，以顺时针方向操作连接圈和鞋帮（见图2）。

3.鞋面的长线尾将位于右手钩编时的反方向，因此你的缝合方向也是相反的（见图3和图4）。

4.包跟鞋、靴子和拖鞋的编织方法跟描述一样，但是方向也相反（见图5和图6）。

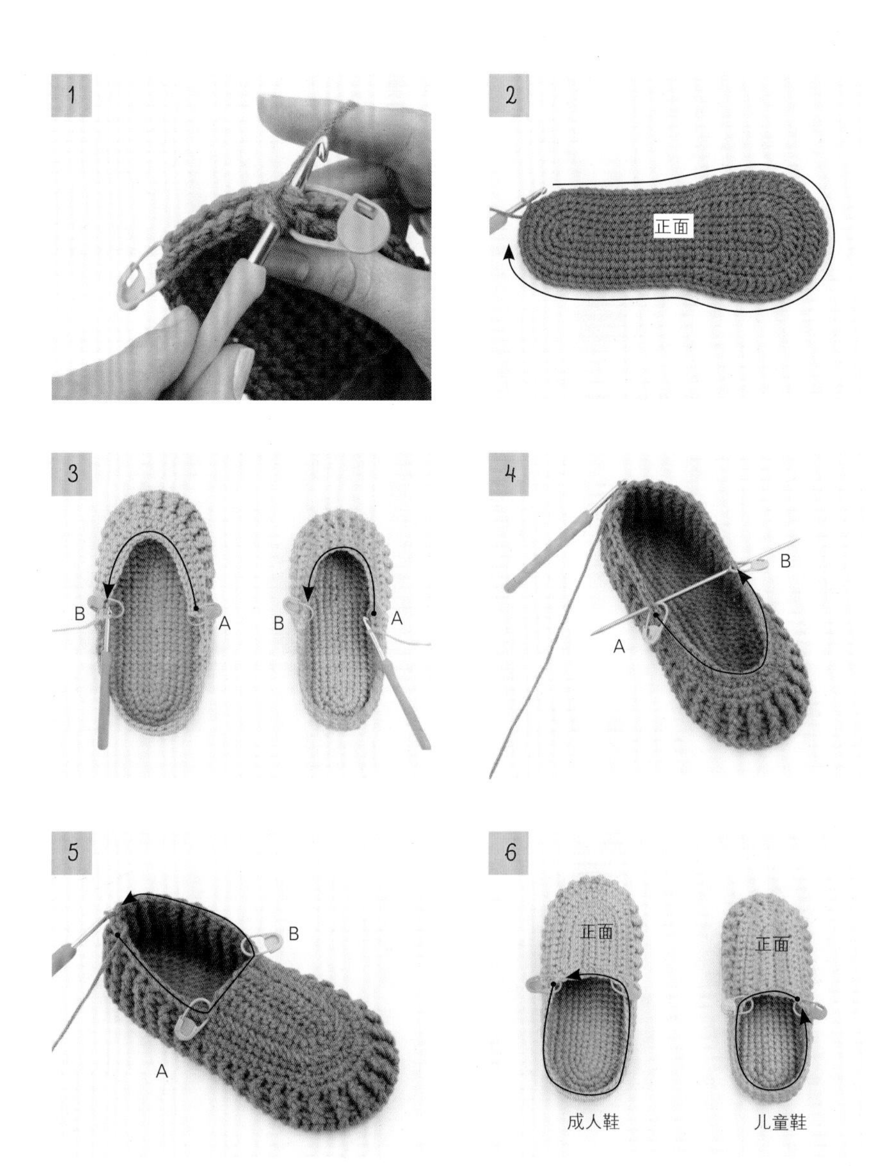

关于作者

你们好！我是一个加拿大的纤维艺术家、图案设计师和作家。我来自一个纺织工程师家庭，从我出生开始，我就被纺织物和毛线包围。因此，与毛线一起工作对我来说是件自然而然的事。

很小的时候，我就通过观察妈妈、祖母和曾祖母学会了棒针编织和钩针编织。这些年我掌握了新的编织技法，也开发了一些自己的技法。

我最大的爱好是创作和描绘以动物为灵感的有趣图案。希望你能享受跟随本书制作动物鞋子，如果你能翻翻我之前的书《钩针动物地毯》，我会很兴奋。

致谢

特别感谢我的测试团队成员谢丽尔·麦克尼克尔斯、丽诺尔·卡特利奇、瑞安·妮可·黑兹尔坦和苏珊·贝克，感谢他们尝试、检查和校对本书中的所有图案。同时也要感谢我的女儿波琳娜·麦克加维，她编辑了书中的步骤图。

非常感谢Yarnspirations提供高质量的毛线给我测试团队中的每个人，并帮助我们测试了本书中所有的动物鞋子。一如既往，使用Bernat Super Value毛线编织起来非常愉快。

备案号：豫著许可备字-2022-A-0022

图书在版编目（CIP）数据

60款简单的动物造型室内鞋钩织 / （加）艾拉·罗特著；舒舒译. —郑州：河南科学技术出版社，2023.1

ISBN 978-7-5725-1041-0

Ⅰ. ①6… Ⅱ. ①艾… ②舒… Ⅲ. ①钩针-编织-图解 Ⅳ. ①TS935.52-64

中国版本图书馆CIP数据核字（2022）第247687号

出版发行：河南科学技术出版社
地址：郑州市郑东新区祥盛街27号　　邮编：450016
电话：（0371）65737028　　65788613
网址：www.hnstp.cn
责任编辑：刘　欣　葛鹏程
责任校对：刘逸群
封面设计：张　伟
责任印制：张艳芳
印　　刷：北京盛通印刷股份有限公司
经　　销：全国新华书店
开　　本：889 mm × 1 194 mm　1/16　　印张：8　　字数：200千字
版　　次：2023年1月第1版　　2023年1月第1次印刷
定　　价：59.00元